正大综艺 动物来啦

充满灵性的菲氏叶猴

《正大综艺·动物来啦》节目组 / 组编

朱德华　任艳 / 改编

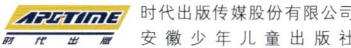

时代出版传媒股份有限公司
安徽少年儿童出版社

图书在版编目（CIP）数据

正大综艺·动物来啦.充满灵性的菲氏叶猴/《正大综艺·动物来啦》节目组组编；朱德华，任艳改编.—合肥：安徽少年儿童出版社，2024.10
ISBN 978-7-5707-1741-5

Ⅰ.①正… Ⅱ.①正… ②朱… ③任… Ⅲ.①动物－儿童读物 Ⅳ.①Q95-49

中国国家版本馆CIP数据核字（2024）第048463号

ZHENGDAZONGYI DONGWU LAI LA CHONGMAN LINGXING DE FEISHI YEHOU
正大综艺·动物来啦·充满灵性的菲氏叶猴

《正大综艺·动物来啦》节目组/组编
朱德华　任艳/改编

出版人：李玲玲	策划编辑：唐悦	责任编辑：丁倩
责任校对：于睿	美术编辑：唐悦	内文摄影图：壹图网　视觉中国　等
内文插画：冯文	印　　制：朱一之	

出版发行：安徽少年儿童出版社　E-mail:ahse1984@163.com
新浪官方微博：http://weibo.com/ahsecbs
（安徽省合肥市翡翠路1118号出版传媒广场　邮政编码：230071）
出版部电话：（0551）63533536（办公室）　63533533（传真）
（如发现印装质量问题，影响阅读，请与本社出版部联系调换）

印　　制：安徽新华印刷股份有限公司		
开　　本：787 mm×1092 mm　　1/16	印张：8.75	字数：108千字
版　　次：2024年10月第1版	2024年10月第1次印刷	

ISBN 978-7-5707-1741-5　　　　　　　　　　　　　　　定价：40.00元

版权所有，侵权必究

本书编委会

总 策 划：贺亚莉　过　彤

执行主编：卢小波　林　锋　王雪纯　李知知

编　　委：郑　敏　张　琳　秦　峰　白秋立　黄宇霏　历文娟

关爱生命,是最正大无私的奉献

爱是 Love,爱是 Amor,爱是 Rarc
爱是爱心,爱是 Love
爱是人类最美丽的语言
爱是正大无私的奉献

这首伴随我们成长的歌曲,令我们回想起 20 世纪 90 年代初开播的中央广播电视总台综艺节目——《正大综艺》!更让我难以想象的是,我竟然为这一节目前前后后工作了近 5 年!如今,呈现在广大读者面前的这套书——《正大综艺·动物来啦》,正是过去近 5 年来,该节目制作内容的科普总结。

2017 年仲夏,著名主持人、节目制作人暨《正大综艺》节目负责人王雪纯老师来国家动物博物馆找我。彼时,她正在制作另外一档大型科学实验节目——《加油!向未来(第二季)》(以下简称《加油》)。原本,她主要谈及将一些动物请到《加油》节目里充当"演员",也给"科学实验"增添动物元素,但是我始终担心,如果把动物引入节目现场,以操作实验的形式展示给观众似乎不妥,毕竟它们是生命,很难像机械那般随意操控。

王雪纯老师甚为谦逊，非常认同我的观点，她特别想做一些关于动物的科普节目，当即表达了希望未来可以合作动物科普节目的愿望。老实讲，我当时就是那么一听，以为她也就是这么一说而已。

殊不知，过了一两个月，王雪纯老师带着团队主创人员再次亲临国家动物博物馆，盛情地邀请我作为她的新节目《正大综艺·动物来啦》的常驻嘉宾，我简直不敢相信自己的耳朵。我竟然有机会成为我小时候观看的电视节目的嘉宾！

就这样，经过一段时间的筹备，2017年12月14日，我和北京动物园饲养管理员杨毅兄一同成为《正大综艺·动物来啦》节目的嘉宾，来到北京市丰台体育中心摄影大棚，与主持人高博老师及几组家庭一道，正式开始录制该节目。一直到2022年4月节目停播，《正大综艺·动物来啦》前后录制了近200期。后来，《正大综艺》改版为聚焦全国首批乡村旅游重点镇的推介节目，我仍然有幸继续担任嘉宾；直到今天，我还会偶尔去节目中"嗨"上一把！

毫无疑问，《正大综艺·动物来啦》丛书是该节目的"顺产儿"——电视节目配图书出版，这似乎是中央广播电视总台的传统。我小时候就买过《动物世界》一书，王雪纯老师还出版过《加油！向未来》丛书。书中最精彩的内容，通常便是节目中最精彩的内容。这得益于王雪纯老师坚强而直接的领导，以及制片人、总导演、导演、主持人、竞猜选手的共同努力！

既然是科学节目，既然是科普读物，那么，它的科学性必将是第一位的！在科学性、趣味性甚至收视率面前，王雪纯老师依然是一位坚定的科学主义者；她从来没有为了收视率而妥协、折中，放弃与科学相关的元素及一切有科学价值的东西。这一点，我着实钦佩她！

首先，我和杨毅兄都认为拍摄中国本土动物是首要任务，宣传介绍中国土生土长的野生动物是节目的首选！这一点，王雪纯老师对所有导演都反复强调，竭力提升每一位导演的思想意识。

其次，关于动物名称的规范——中文名和拉丁文学名之使用，很多科普节目、科普读物都不太在意这个动物叫什么，也不爱使用学名：细尾獴被称作狐獴，狨和猵（xū）被笼统地叫作狨或柽（chēng）柳猴、绢毛猴，鵎鵼（tuǒ kōng）习惯性地被称为巨嘴鸟……但正是我和杨毅兄的坚持，才使整个节目组都非常认真地与我们确定了动物的名称、叫法。尽管有的时候我们也认为没必要那么苛刻，但既然决定按照传统的、规范的、专业的来，那么无论是科学顾问，还是制片人、导演，都会把科学性、专业性放在第一位！王雪纯老师再一次强有力地支持了我们，她常对导演们说："这些问题要听专家的！"这充分体现了王雪纯老师对我们的尊重，也令我们对她倍加敬重！

再次，王雪纯老师对我们反复强调，《正大综艺·动物来啦》就是希望改变观众或读者一贯的错误思维、荒谬认知，她甚至说："不要总是你以为的就是你以为的。"事实上，我们每个人都不能想当然，做节目、做书都是这样，要摆事实、讲道理，更要拿出科学数据或科学证据来证实或证伪。总之，做科学节目或做科普读物，都要有科学精神——实事求是，决不人云亦云。所以，《正大综艺·动物来啦》甚至成为"辟谣"节目，匡正错谬，以正视听！

不过，《正大综艺·动物来啦》毕竟是一档综艺节目，所以，趣味性非常重要且不可或缺！不仅是导演们选择的动物要有趣，而且要深度挖掘动物及其与饲养员之间的故事。有说相声功底的杨毅兄更是以他独特、幽默的表达方式解析了各种动物的有趣行为。我们非常尊敬的主持人高博老师，在台上逻辑清晰、反应敏捷、知识面广且极为风趣幽默，为节目平添了十足的活跃感。这些有趣、好玩、寓教于乐的知识点，也同样呈现在了这套书中！

最后，我想说的是，这档节目及这套书的价值取向和情感输出。每一个生命都值得尊重，每一种动物都是平等的，每一个物种都在生态系统中发挥着不可替代的作用！我们展现在大家面前的动物，是有情感的、是美的，是值得我们每个人去欣赏、去热爱、去关心甚至要以行动去保护的。

我们非常注重"升华"，但绝不是做作的、刻意为之的。在动物园生活的动物，它们有故事，有与饲养员的感情交流。我记得在录制北京动物园的中美貘、南美貘那一期时，在场的人几乎都被饲养员精心照顾它们的故事感动得潸然泪下。在自然保护区或国家公园生活的野生动物，它们顽强生存的精神，也值得我们去体会、感悟。

我记得我在节目后期说的最多的话就是，我们国家的生态文明建设关乎每一位老百姓的生存与生活；我们现在正在从事以国家公园为主体的自然保护地体系建设，就是要保护、修复野生动物赖以生存的栖息地，让生物多样性得以延续；这归根结底是为了人与自然和谐相处，建设美丽中国，造福人类！

时间过得真快，三四年前，节目录制面临着各种困难和挑战；但不论是节目组，还是直接领导节目的"央视创造传媒"乃至正大集团江吉雄先生等诸位领导，都全力以赴、攻坚克难，将节目尽可能制作得令大家满意。

今天，当我看到《正大综艺·动物来啦》这套书的时候，每一期生动有趣的节目又展现在我的面前。我和杨毅兄都难以忘怀，我们和导演们对题、对台本的日日夜夜——4年多来，我俩每周都会有一个晚上要去"央视创造传媒""上班"。

这套书的出版得益于节目的总策划，以及制作节目的制片人和导演、出版社编校人员的辛勤付出。遗憾的是，我并没有具体撰写本书的文字，但书里的每一个字对我而言又是那么亲切。希望大朋友、小朋友们能像喜爱节目那样，喜欢并支持这套书。

　　读万卷书，行万里路。从书中汲取养分，再回归荒野，回到大自然中探寻生命之伟大与神奇。最终，以我们的行动去保护、关爱、关注这些生灵——因为爱，是正大无私的奉献！

　　是为序。

张劲硕

博士、研究馆员、研究员
国家动物博物馆馆长
2024年9月13日

目录

白鹇和杨爷爷的"神仙友谊" /1

故宫的鑫斯门 /4

动物装死的超级演技 /5

为了东方白鹳再出发 /8

昆虫"伪装大师"的同台较量 /11

猫咪落地不倒的秘密 /14

"黑寡妇"蜘蛛的丝到底有多强 /18

"海岸清道夫"织纹螺 /21

一起去看"鸟中网红"大红鹳 /22

充满灵性的菲氏叶猴 /25

胡兀鹫的猎食绝招 /28

只会咬人头发的无刺小酸蜂 /31

砗磲的生存危机 /32

鸳鸯的人造之家 /35

"爱情鸟"白头鹤 /38

狗狗能听懂人类的音乐吗 /39

人类老师为丹顶鹤学生上飞翔课 /42

大象是躺着睡觉的吗 /45

辛勤忙碌的双角犀鸟夫妇 /46

鸬鹚的第三对眼睑 /50

带你去看巨松鼠 /52

普氏野马的复兴之路 /53

帮15000多只扬子鳄搬家 /56

来自海洋的生存高手 /59

动物求助热线 /61

螳螂捕蝉,黄雀在后 /64

5亿岁高龄的鱼 /65

顺拐走路的长颈鹿 /69

"猩猩的哥哥" /72

小羊驼找亲戚 /75

"歪头"狼王的爱情 /78

"海洋精灵"中华白海豚 /81

千米深海下的超能力动物 /84

百兽之王"直播"啦 /87

再向虎山行 /92

东北虎豹国家公园里的高科技 /95

老虎的遗传密码 /98

猫虎技能大比拼 /102

小猫咪的十八般武艺 /107

猫科动物的蓝眼之谜 /111

虫虫行为艺术展 /115

虫虫世界里的武林高手 /119

昆虫演员的自我修养 /124

乐队主音手争夺赛 /127

探访白枕鹤 /130

白鹇和杨爷爷的"神仙友谊"

杨美林是福建省三明市明溪县紫云村的村民，从 2012 年到现在，他保护白鹇已经 9 年了。

山里的野生白鹇只听杨爷爷的话，只要他"咕咕"一喊，白鹇就会飞出来跟他相见。若是换成其他人，喊破喉咙也叫不来一只。每天，杨爷爷都会上山喂白鹇，它们就像回家吃饭一样来到杨爷爷的身边。

白鹇是国家二级保护野生动物。雄鸟羽色绚丽，甚是好看：背部及尾部洁白，搭配黑色纹路；腹部黑色，高雅却不单调；面红嘴白，浓密整洁的羽冠像抹了油的发丝一般。它们常年活跃在亚热带密林里，一般以三五只的小群活动，喜欢找些果子、根叶和昆虫吃，生性胆小机警。

为何如此惧怕人类的白鹇，能和杨爷爷彼此信任，就像多年的老朋友一样呢？

原来，早年间，杨爷爷经常在半山腰的鸡棚旁喂鸡。有一次，"美食"引来了几只想"蹭饭"的白鹇。杨爷爷见它们既漂亮又有灵性，便没有赶走它们。时间久了，白鹇招呼了很多胆子大的"小伙伴"，和杨爷爷就像约好了一样——杨爷爷"咕咕"一喊，它们就听懂了那是开饭的信号。

后来，杨爷爷和白鹇的故事传开了，吸引了很多观鸟的人。为了既不打扰山里的鸟儿，又能让摄影爱好者拍到生动的画面，杨爷爷在山林中选了一处白鹇喜欢的场地，和当地摄影协会共同设立了一处观鸟点。每次有观鸟的人来，杨爷爷都会再三嘱咐大家文明观鸟：第一，不能乱扔烟头，避免引起火灾；第二，不能大喊大叫，要保护白鹇的野性，让它们与人类之间保持距离感；第三，不能乱投食——白鹇还要到树林里面去找虫子、野果子吃，只吃投食就会导致偏食，严重影响身体健康，还会让羽毛的色泽变暗。

杨爷爷说，他生在这里，长在这里，喜欢这里的野生动物，也喜欢大自然给予的一切。现在，杨爷爷不仅会每天守着他的白鹇朋友，也会时常照看和救助其他小动物。看着这些健康活泼的小动物自由自在地生活，杨爷爷每天的心情都特别好。

好美丽的鸟儿，好和善的人哪！人类是否有一颗保护自然、善待动物的心，动

物是能够真切感受到的。所以,杨爷爷和白鹇的"神仙友谊"是怎么来的,你明白了吧!

请答题

白鹇夜晚在哪里休息?

A. 低矮的树枝上 B. 高大的树上

C. 树洞或者岩洞中

嘉宾观点

小浩:我选 C。白鹇身上其实有一点家鸡的影子,树洞或岩洞比较隐蔽,在里面栖息可以保证它的安全。

小丽:我选 B。孔雀很胆小,喜欢在高大的树上过夜,所以我觉得同样胆小怕人的白鹇也会这样选择。

小张:我选 A。白鹇能飞,但飞不高。它需要休息时就会飞到低矮的树枝上,这样能躲避天敌。

小泽:我选 B。高大的树上虽然不会特别安全,但是在那里能躲避天敌。

张博士的科学小课堂

白鹇是雉鸡,常年生活在山中的树林里,白天捕食玩耍,到了夜晚,会选择在低矮的树枝、树杈上休息;而在繁殖期,雌鸟会带幼鸟在灌木丛中休息。它不会飞到非常高的树上,原因是:第一,它的飞行能力一般,无法飞那么高;第二,它生活在华南地区,那里经常有雨水,所以它会在树中间躲雨;第三,如果真的遇到天敌,它站在高大的树上就太扎眼、太危险了。

正确答案是 A,你答对了吗?

全国走一走·动物猜猜看

故宫的螽斯门

云南的西双版纳位于热带北部边缘，是中国热带生态系统保存最完整的区域。动物观察员郑霄阳带我们来到这里看一种非常罕见却很美丽的昆虫——黄斑珊螽。北京故宫有一道螽斯门，在古人眼里，螽斯这类小虫子是"多子多福"的象征；而在大自然中，螽斯家族也确实是一个种类庞大的家族。看，面前趴在树干上的那只黄斑珊螽就像一片斑驳的苔藓，它的身上有很多大块的绿色斑纹，这是一种保护色。黄斑珊螽以树叶、水果等为食。只有在生态保护得非常好的热带森林中，你才有机会看到它。

请答题

螽斯靠以下哪个部位发出鸣叫声？

A. 尾部　B. 口器　C. 前翅

嘉宾观点

小浩：我选C。螽斯的前翅附近有发声器官，一摩擦就会发出声音。

张博士的科学小课堂

小浩的解答是正确的。螽斯其实就是我们通常说的蝈蝈。蝈蝈的前翅有两个不同的"摩擦器"，像锉刀一样，不断摩擦就发出了声音。

正确答案是C，你答对了吗？

主持人： 作为一档资深的动物类综艺节目，我们已经举办了好多场比赛，比如举重比赛、选美比赛、房屋设计比赛。今天，我们又要举办一场比赛，这回比什么呢？两个字：装死。

动物装死的超级演技

欢迎来到动物装死比赛的现场！今天，我们要在这里评选出谁是真正的"表演大师"，3位候选人分别是猪鼻蛇、负鼠和红悍蚁。让它们先来自我介绍一下吧！

猪鼻蛇： 我是一位专业的演员，我的看家本领就是装死。不好，北美山猫来了，看我的表演——肚皮向上，吐出舌头，再散发出腐肉的味道……看，北美山猫干呕了一下就转身离开了。怎么样？我看上去是不是像真的死了一样？

负鼠： 论装死的技术，我负鼠如果是第二，那可没有谁敢说

猪鼻蛇（供图／视觉中国）

装死的负鼠

自己是第一。知道斯坦尼斯拉夫斯基的《演员的自我修养》吗？知道什么是"体验派"吗？看看我就知道了。张开嘴巴、伸出舌头、紧闭眼睛，这些都是表面现象；最厉害的是，我的心跳和呼吸的频率都会下降，从里到外散发出实力派演员的魅力。

红悍蚁：你们的演技都是被敌人吓出来的，我们装死可不是为了逃命，而是为了"深入敌穴"。装死只是我们的准备工作，下一步就是等对手上钩。看，身体颜色浅、个头大的那位就是我！等到对面的工蚁把我当成食物送进蚁后的巢穴后，我就会立刻醒过来，一举铲除它们的蚁后。我还能靠着出色的演技，伪装成它们的蚁后，不费一兵一卒，轻松攻陷整个蚂蚁部落。所以，"表演大师"这个称号非我莫属。

看来3位演员都各有所长，难分伯仲。不过我们有个疑问，希望你能解答哟！

请答题

红悍蚁是如何伪装成敌方蚂蚁的蚁后的？

A. 模仿原蚁后的声音　　B. 产生原蚁后的信息素

C. 用原蚁后的肢体伪装

嘉宾观点

小丽：我选B。蚂蚁是靠信息素来识别敌我的，只要获得敌方的信息素就有机会伪装成功。

小泽：我选B。小时候，我经常观察蚂蚁。想让它回不了巢很简单，只要在它身后走过的路上踏几脚，抹去它留下的独特的信息素，它就很难找到回家的路了。

原来如此

在进入对方的巢穴后，红悍蚁就会对原蚁后发起攻击，不过原蚁后也不是吃素的，双方会相互撕咬、打斗，而这个过程会引起复杂的化学交换。不久，红悍蚁就会带有原蚁后的信息素了。由于蚂蚁主要通过信息素来辨认敌我身份，因此"新蚁后"也不会被蚁穴里的其他成员攻击。最终，红悍蚁成功篡位，成为它们的新蚁后。

红悍蚁的超高演技可真是令人叹服。毫无悬念，我们恭喜它获得了"表演大师"的称号。

红悍蚁（供图/视觉中国）

张博士的科学小课堂

其实，信息素和气味是两回事。信息素是动物自身分泌的具有特殊作用的化学物质。现在，科学家会利用信息素研究防治林业病虫害的方法和措施，从而更好地保护林业资源。

正确答案是B，你答对了吗？

为了东方白鹳再出发

　　天津市滨海新区疆北湿地保护中心的王建民主任是天津当地的护鸟志愿者，也是一名不折不扣的"鸟痴"。眼下，他正在四处找寻一只受伤的鸟——国家一级保护野生动物——东方白鹳。

　　每年9~12月，东方白鹳开始从北方向长江中下游地区迁徙，天津就是它们旅途中重要的停歇站。其间，一只白鹳中途不幸踩中捕兽夹，它的一只脚始终被捕兽夹夹着，无法飞高；如果不能及时得到救助，伤口感染，会引发禽掌炎等疾病，面临生命危险。这件事成了王建民团队眼下最着急的事，他们决定无论如何也要找到这只白鹳。

　　在当地林业部门的配合下，志愿者在这只白鹳经常活动的鱼塘精心布下一张善意的大网。团队里知晓鸟性的志愿者小马哥在网旁的芦苇丛里静静蹲守着，期待捕住白鹳。但是，想要"抓捕"它并不容易。

　　那几天的天气非常寒冷，志愿者整整蹲守了两天都一无所获。到了第三天的下午5点,志愿者正要离开,突然间,白鹳飞到网上,潜伏在草丛里的小马哥一下拉动机关,终于把这只白鹳捕住了。

由于担心白鹳被捕后受到惊吓,志愿者临时用编织袋将它套了起来。白鹳脚下的捕兽夹有一斤多重,它的一根脚趾伤势严重,必须抓紧时间送到动物医院救治。

在志愿者团队和兽医的帮助下,这只白鹳做了脚趾切除手术,终于摆脱了生命危险。但是,新的问题又来了:此时距往年东方白鹳全部南迁仅剩20多天,如果它不能赶在最后出发的大部队南迁之前痊愈,将面临寒冷气候和缺少食物的双重考验。这又成了王建民最挂念的事。

幸好,在志愿者团队的悉心照料下,这只白鹳的身体机能基本恢复正常,它终于迎来了回归群体的时刻。和这只东方白鹳一起放飞的,还有王建民团队之前救助的另一只东方白鹳。

为了能及时了解这两只白鹳的动向,王建民特意向全国鸟类环志中心申请了卫星跟踪器和脚环。从跟踪器反馈的信息可以看到,白鹳一路南下,到了安徽省霍邱县附近的一片湖面之后,便不再往南飞了。如今,放归的东方白鹳已经顺利完成南迁,回到了北方的繁殖地。如果没有志愿者团队的努力营救,这两只东方白鹳可能再也无法回到自己的家园。

现在,王建民每天一定会做的一件事,就是利用手机查看自己救助的东方白鹳飞到了哪里,生命体征是否正常。在他的眼里,这两只白鹳已经成了他的家人。他期待着东方白鹳下一次迁徙途经天津时,能够与这两只白鹳再次相遇。

请答题

东方白鹳迁徙回到繁殖地后，通常会如何选择繁殖的巢穴？

A. 寻找自己以前的巢穴进行修缮

B. 建造新的巢穴

嘉宾观点

小宇：我选 A。东方白鹳的个头挺大，它的巢穴一定也比较大。如果每年都要重建，工程量会比较大，所以我觉得还是改造一下旧巢比较好。

小丽：我选 B。精心修缮也不见得能修补完整，所以不如重建巢穴，就像人类一样，谁不喜欢住新房啊！

小张：我选 A。因为我看过一篇报道，上面说白鹳会重复利用自己的旧巢。

安安：我选 B。我觉得东方白鹳的性情比较温和，不是那种喜欢占便宜的鸟。

张博士的科学小课堂

小宇和小张的观点是正确的。除了东方白鹳，其实还有一种欧洲白鹳，也会利用旧巢，在第二年回到旧巢产卵。这只东方白鹳受伤以后，我们的志愿者赶紧对它采取了保护措施，虽然截掉了它的一根脚趾，但对它的生存而言没有太大的影响。我们也应该提醒更多人：不要再给这些濒危动物带来更大的伤害。

正确答案是 A，你答对了吗？

主持人：很多动物都有着超强的伪装能力，令人佩服。有几种昆虫的伪装能力也很强，今天我们就来给它们曝个光，看看它们的手段到底高明不高明。

昆虫"伪装大师"的同台较量

在这漂亮、寂静的花丛中，有一双眼睛正在悄悄地盯着你，你发现了吗？

"各位看客，往哪儿瞅呢？我在这儿！我们兰花螳螂可是'螳螂界的美人''昆虫界的明星''伪装界的超级大师'……"

"要比伪装能力，前面这位兄弟，可别自恋了，我们枯叶螳螂才是'伪装界的翘楚'。你们兰花螳螂成天就知道臭美！漂亮有什么用，还不是耍些空把式？要说伪装功夫，还是得看我的！各位看客，你们找得到我吗？你们睁大眼睛往这儿瞅，怎么样？

兰花螳螂

竹节虫

终于看到我了吧！我的腿部就像叶柄的形状，翅膀上也有与树叶相似的纹路，这质感、这肤色，简直就是如假包换的枯叶'本叶'。我不仅善于伪装，还会在危急关头用翅膀后面的'假眼睛'恐吓别人。"

"别吹牛，要说伪装，我们可最有发言权，不信你们找找我们藏在哪儿！我们生活在丛林中，没有利齿，也没有尖锐的尾针；不能像蝗虫一样跳跃，也不能像蝴蝶一样飞舞；可不动一刀一枪，便能独步天下。前面两位都是靠伪装捕猎，而我们则是大自然中与世无争的素食主义者，靠着这千万年进化出的伪装能力来躲避天敌，虽步步惊心却总是能化险为夷——我们就是竹节虫！当然，仅靠伪装，也会有失误的时候，所以当天敌来袭时，我们经常三十六计走

枯叶螳螂

为上，靠装死或断腿来躲过猎杀，然后溜之大吉。毕竟，活下去，才能跟诸位看客见面啊！"

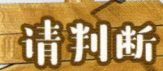 请判断

成年竹节虫断腿后还能够再生。

A. 真的　B. 假的

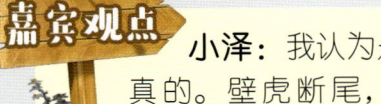 嘉宾观点

小泽：我认为是真的。壁虎断尾，海星断肢，它们都是能再生的，所以我觉得竹节虫断腿后也能再生。在动物世界，这种能力十分普遍。

小丽：我认为是假的。在竹节虫生长的过程中，一共要经历5次蜕皮，每次蜕皮后都会有一些变化。不过我觉得，如果当它们彻底"成年"后再断了腿，那可真长不出来了。

张博士的科学小课堂

节肢动物门有一个共同的特征——蜕皮，所以它们也叫蜕皮动物总门。在蜕皮的过程当中，它们是不断生长的，但是"成年"以后就不再生长了。

正确答案是 B，你答对了吗？

主持人：相传"猫有九条命",但这说法一点都不科学——它主要想表达猫的生存概率比较大,从半空中坠落,猫能够很快地调整自己的身体姿态,安全地四脚落地。猫真的有这么厉害吗?让我们一起去观察一下吧!

猫咪落地不倒的秘密

有人说,猫咪在空中无论以什么姿态坠落,都能够四脚着地。那么,如果猫咪以背朝地面、四脚朝天的姿势坠落,它们还能在空中翻转身体,四脚着地吗?我们将专用的安全软垫铺在地上,在保证猫咪绝对安全的情况下,给3只猫咪做落地体态测试。

一号选手"小虎"是本次测试中年龄最小的。我们将小虎抱在半空中,让小虎保持四脚朝天的姿势,然后松开双手,小虎立即朝地面的安全软垫坠落。一眨眼的工夫,小虎就调整姿态,完成了空中翻转180度,四脚朝下,稳稳地落在了安全垫上。

慢镜头下四脚朝天的三号选手"王子"

前肢翻转朝向地面

后肢翻转朝向地面

稳稳地落地

二号选手"小帅"是本次测试中腿最长、身体素质最好的。果然，小帅没有辜负我们的期望，完美落地。

三号选手"王子"，重达7.5千克，是个喜欢睡懒觉的小胖子。不过，体重并没有影响它的发挥，王子也是顺利着地。（温馨提示：猫咪从高空坠落有危险，本次测试中的猫咪都是在受保护的状态下进行测试的，请勿模仿）

即使四脚朝天，猫也能够在空中翻正（四脚着地），这种现象叫作猫的"翻正反射"。小猫咪居然有着如此神奇的本领，而这项本领早在几百年前，就引起了许多物理学家的注意。

北京交通大学理学院的物理老师陈征告诉我们，物理学家研究运动问题的时候提出了一个定律，叫"角动量守恒"。角动量本身是一个物理量，用于描述物体旋转的状态。在没有外力矩作用的情况下，系统的角动量保持不变。

我们来做一个实验：假如你站在一个健身转台上，躯干保持竖直，当你的上半身要向左转的时候，你会发现，你的下半身会不由自主地向右；当上半身向右时，下半身会不由自主地向左。所以，要想在转台上完成一个转身的动作，非常困难。

人类站在转台上旋转与猫咪在失重状态下旋转相似，但人类不经过专业训练是不可能像猫咪那样旋转的。我们不禁好奇，猫咪是如何做到不借助外力转的呢？难道它们有超能力，能对抗"角动量守恒"这一物理学定律？

"猫从高处下落，尾巴会向反方向旋转。相对于身体而言，尾巴的质量会小很多。为了让身体转过来，理论上讲，猫要靠摆动尾巴来完成这个动作，而且摆动的速度要非常快。"陈老师说。

经过多年研究，科学家终于得出了答案。原来，猫在下落之初，躯干的前后部分分别朝相反方向旋转。猫上半身收腿，像花样滑冰运动员一样加速旋转，下半身腿蹬直，反方向旋转且旋转速度较慢；等前半身即将转向地面时，它伸直前腿、收后腿；下半身此时再反转回来，四腿蹬直，完成落地动作。这的确是一项高空翻腾的超强绝技，足以让人类望"猫"兴叹。

猫有着不论以什么姿势坠落，都能完美地四脚落地的能力。或许，这就是"猫有九条命"的科学解答吧！

什么"角动量守恒"？能当饭吃吗？

一号选手"小虎"只有半岁，它能够顺利完成本次测试吗

请答题

猫的"翻正反射"在猫多大的时候会出现？

A.1~2个月　B.半岁左右　C.成年后（一岁左右）

嘉宾观点

安安：我选B。1~2个月的时候猫还太小，不可能跑到那么高的地方去训练这项本领。

小浩：我选A。我认为"翻正反射"是猫的一种本能。

张博士的科学小课堂

"翻正反射"是在猫快一个月大的时候出现的，在一个半月到两个月之间完善。猫的脊椎骨的数量比人的多，柔韧性也很强，再加上猫的神经系统很发达，所以它在半空中可以迅速调整自己的身体姿态。但是如果从非常高的位置摔下，猫也是有摔死的可能，所以住在高层的养猫朋友一定要把自己家的窗户关好。

在失重状态下宇航员很难扭转身体，为此人们设计了一种喷气装置；现在通过对猫翻身的观察，宇航员知道了如何扭转他们的身体。

正确答案是A，你答对了吗？

主持人： 你知道蜘蛛的丝到底有多神奇吗？今天的节目就为你解答这个问题，让我们一起去看看吧！

"黑寡妇"蜘蛛的丝到底有多强

蛛丝的强度到底有多大？它能和我们日常生活中常见的头发丝、钢丝的强度抗衡吗？今天，我们将进行一次蛛丝强度大测试。

澳大利亚红背蜘蛛，这个名字你可能听起来有点陌生，但是它的另外一个名字你一定有印象——黑寡妇。

黑寡妇蜘蛛是球蛛科寇蛛属的一类蜘蛛，之所以叫"黑寡妇"，是因为它们在交配完以后，雌蛛会把雄蛛吃掉。黑寡妇蜘蛛有剧毒，人被其咬以后，如果不能得到及时救治可能有生命危险。

为了解黑寡妇蜘蛛的丝的强度，河北省动物多样性重点实验

室副教授陈海峰精心准备了实验装置。实验的第一道难关是收集蛛丝。经过多次尝试，陈海峰最终发明了一种取丝滚轮，先用镊子从黑寡妇蜘蛛的腹部牵引出蛛丝，再将丝轻轻绕在滚轮上，慢慢滚动滚轮，就得到了第一根蛛丝。

经过测量，本次用于实验的钢丝和头发丝，直径均为50微米，蛛丝的直径只有2微米；钢丝和头发丝的横截面积是蛛丝的625倍。由于取下蛛丝后需要对折，所以为了确保3组测试材料的直径相同，陈海峰总共需要收集310圈蛛丝。

蜘蛛有多种不同的腺体，每种腺体产生不同种类的蛛丝。今天我们要测试的是牵引丝，它的强度比较大。经过3天时间，陈海峰团队终于收集到310圈蛛丝，累计长度约20米。

我们把蛛丝、钢丝、头发丝分别绕成一个圆圈，丝的直径都是50微米，然后在每种丝的下面吊上一个可盛560克水的空矿泉水瓶，之后再依次向瓶子中加水，每次80克。

当水加到240克时，头发丝首先断裂，而蛛丝和钢丝仍然没有发生明显变化。随着测试推进，瓶子逐渐被装满，钢丝保持原形不变，一旁的蛛丝已经发生变形，但并没有断裂。我们加吊了一个空瓶，继续测试。进行到第10轮时，钢丝和蛛丝各自承重800克，钢丝突然变形，一旁的蛛丝虽然比刚开始伸长了一段，但仍未断裂。当水加到860克时，钢丝断裂，水瓶跌落造成震动导致蛛丝断裂。

通过测试，我们发现蛛丝的强度远超我们的想象——它几乎可以和钢丝抗衡。蛛丝的强度为什么会这么大？

蜘蛛有6个纺器，每个纺器顶端有很多吐丝管。这些吐丝管和丝线相连，蛛丝从吐丝管流出后会形成丝纤维；这些丝纤维连在一起，会使得蛛丝强度变大。另外，蛛丝的延展性可以达到30%，而钢的延展性只有1%，这也是蛛丝的强度比钢丝要大得多的原因。

请答题

蛛丝的主要成分是什么?

A. 糖类　B. 蛋白质　C. 脂类

嘉宾观点

小宇：我选 C。蛛丝是从蜘蛛腹部抽出来的，腹部就是脂类储藏的地方。有一次，我撞到蜘蛛网上，一根蛛丝跑到了我嘴里，我尝了一下，好像一点儿都不甜，所以我排除了 A。

小泽：我选 B。我们头发丝的主要成分也是蛋白质。

原来如此

蛛丝的主要成分是蛋白质。在蜘蛛的 7 种丝线里有不同的氨基酸，它们聚合以后形成多肽；这些多肽形成不同种类的蛋白质，然后这些蛋白质通过三维折叠，形成结晶区和非结晶区，使蛛丝具有坚韧性和弹性。

张博士的科学小课堂

我们这里说的"糖类"不等同于平时吃的白糖，我们说的"脂类"也不等同于腹部的脂肪。对于蛛丝，我们可以笼统地称其为丝蛋白。在这个实验中，丝蛋白是被直接从黑寡妇蜘蛛的纺器里抽出来的。现在，我们还可以通过转基因技术来获取丝蛋白。丝蛋白的作用可不小，人们可以用它来制作防弹衣。蜘蛛网的形状是向四周辐射的，所以受到力的作用时，蛛丝立马就会把力分散掉。因此，当子弹快速撞击用丝蛋白制作的防弹衣时，丝蛋白可以有效减缓子弹撞击产生的冲击。丝蛋白是一种非常特殊的生物材料，未来的应用前景很广阔。

正确答案是 B，你答对了吗？

"海岸清道夫"织纹螺

海岸边围着螃蟹尸体大快朵颐的织纹螺

厦门有着丰富的海洋生物资源,有近2000种海洋生物。厦门大学环境科学博士刘毅从事潮间带生物观察研究已有20多年了,今天,他带我们来到厦门的观音山海滩。看,一大群织纹螺正从四面八方爬过来,争夺着它们的食物——一只死掉的螃蟹。这些织纹螺通过敏锐的嗅觉,能够感知周围的环境里有没有死掉的生物。织纹螺有毒,大家千万不要擅自食用。它们是非常重要的"海岸清道夫",如果没有像织纹螺这样的食腐生物,海岸上可能会堆满生物的尸体。

请答题

织纹螺的毒素来源于哪儿?

A. 自身分泌的黏液　　B. 食用的有毒藻类　　C. 螺壳

嘉宾观点

安安:我选B。我看过一篇报道,上面就提到织纹螺的毒素主要来自它食用的有毒藻类。

张博士的科学小课堂

织纹螺是食腐的,但它也会吃一些有毒的藻类,把毒素储存在身体里,保证自己不会被其他生物吃掉。

正确答案是B,你答对了吗?

独具特色的大红鹳走到哪儿都是一道亮丽的风景线

一起去看"鸟中网红"大红鹳

2020年冬天，许多爱鸟人、拍鸟人在微信朋友圈发布了一组粉红色的鸟类照片，它们就是山西省运城市的6只大红鹳，也是目前国内唯一栖息地稳定的野生大红鹳种群。

近几年，运城市逐步实施"退盐还湖"工程，建立起生态缓冲带。自从2014年9月人们首次发现野生大红鹳的踪迹后，它们已经连续6年出现在运城，与大家相会。

其实，大红鹳并不是中国原产动物，它们一般生活在热带地区，南、北美洲以及非洲是它们的故乡。优雅迷人的姿态、超高的颜值，让它们成了风靡全球的"网红鸟"。可是，大红鹳为什么会选择中国的一座内陆城市，频频到访呢？

原来，大红鹳主要生活在盐水和淡水栖息地附近，靠滤食藻类和浮游生物为生。运城市的盐湖是一片典型的内陆咸水湖，由于盐湖中矿物质和盐的含量不同，从高空看，这里就像一个巨型调色盘。在这个"调色盘"中，蕴含着丰富的藻类和卤虫，这正是大红鹳选择留在这里的主要原因。

2014年刚发现大红鹳的时候,原本靠在盐湖边打捞卤虫为生的村民马红义了解到这种鸟特别珍稀,于是就自愿干起了义务巡护员。盐湖湿地保护区的中游是候鸟越冬的重地,这一片狭长的区域由5位巡护员共同负责,而马红义守护的那片水域是大红鹳最爱光顾的。

一般到了冬天,6只大红鹳会准时来到运城,可有一年冬天,马红义发现少了一只大红鹳——这可吓坏了他。大红鹳一般会结群生活,就算偶尔单独行动,也不会和"大部队"离得太远。那天,马红义匆匆赶到大红鹳最爱停留的芦苇丛区域,这里即使刮大风,人也可以隐蔽其中,但一番找寻之后,马红义仍然没有发现那只大红鹳的踪迹。它究竟去哪里了呢?

马红义曾经和全国许多喜爱大红鹳的人谈鸟、观鸟,他们不仅成了网友,还建立了多个爱鸟群。他立即发动全国各地的朋友,寻找这只失踪的大红鹳。终于,来自宁夏的网友给他发来了一些大红鹳的照片,经过仔细辨别,他确定照片里的就是失踪的那只大红鹳——原来它已经去宁夏"歇脚"了。看着湖中的5只大红鹳,马红义明白它们也将在不久之后远行。或许来年冬天,他依然会在这里与这个小家族会合。

保护野生动物,最根本的就是要保护它们生存的环境。近年来,运城盐湖生态环境不断改善,白鹭、大鸨等候鸟在这里安家,形成了盐湖湿地候鸟重要栖息地。这片盐湖,已经真正成为大红鹳的"第二故乡"。

请答题

大红鹳觅食和饮水的习惯是怎样的?

A. 在盐水湖觅食和饮水   B. 在淡水湖觅食和饮水

C. 在盐水湖觅食,淡水湖饮水

嘉宾观点

安安：我选C。我觉得在盐水湖饮水不太合理，在淡水湖饮水更适宜。

小张：我选C。要是让大红鹳天天都喝盐水，那该多齁嗓子啊！

小玉：我选C。大红鹳可以取食盐水湖当中的一些虾和蟹，在淡水湖饮水。

原来如此

大红鹳主要以盐水湖中的藻类和卤虫为食。觅食时，它们将食物吸入口中，把多余的水和不能吃的东西滤出。它们并不在盐水湖中摄取水分，而是到另一边的淡水湖中喝水。不喝盐水是因为它们受不了那么高浓度的盐水。山西运城确实不是大红鹳的自然分布地，有人会好奇，为什么大红鹳会在这里出现呢？有一个可能性——它们就是我们常说的"迷鸟"。候鸟在迁徙的过程当中，如果遭遇气流变化，就有可能被"吹"到中国来。

正确答案是C，你答对了吗？

充满灵性的菲氏叶猴

菲氏叶猴是国家一级保护野生动物。它有青灰色的毛发、长长的尾巴、深邃的大眼睛和可爱的娃娃脸。每次回头望着人类时,它深情且呆萌的模样都让人忍不住直呼:"这也太可爱了吧!"

云南省德宏州芒市轩岗乡是目前国内发现的最大的菲氏叶猴种群栖息地,而当地一直有着保护菲氏叶猴的传统。

专职巡护员黄七邦在很小的时候,曾听说过这样的故事:一次,村里有一位老猎人去打猎,遇见了一只带着金色猴宝宝的猴妈妈。猴妈妈向他摆了摆手,又指了指怀里的猴宝宝。见此情景,猎人惊呆了。从此,猎人就把猎枪扔在了一边,一直在村里宣传:"我们不要再杀害动物了,因为动物跟人一样,是有灵性的。"

后来,经过中国科学院昆明动物研究所的专家鉴定,这些充满灵性的猴子叫菲氏叶猴,是一种濒危物种。菲氏叶猴很温顺,和当地村民相处得也很融洽。这不,村民靠山吃山,每家每户的房前屋后都种上了石斛,但石斛从来都没有被菲氏叶猴破坏过。

黄七邦在 2016 年成为巡护员之后,一年有 200 多天的时间都在山里守护菲氏叶猴,几年的相互陪伴让黄七邦练就了一套"寻猴"技能。要在茂密的丛林和陡峭的悬崖上找到它们并不容易,而黄七邦像自带透视镜一般,能在百米开外的山林中发现隐匿其中的菲氏叶猴。除了拥有火眼金睛和能精准定位,黄七邦还像"人形壁虎",在地形错综复杂的原始森

菲氏叶猴妈妈和宝宝

林里，将攀爬技能发挥到了极致，可以在几乎是垂直的石石坡面上来去自如。因为路太陡，我们节目组的工作人员只能使用无人机跟踪拍摄。瀑布旁岩石湿滑、荆棘遍地，看着这么难走的路，节目组只能望"山"兴叹啦！

　　巡护员经常一天走上七八万步，去收集动物的信息，观察它们的生活状况。常年跋涉在群山间的黄七邦有一次发现，山里的一帘瀑布是猴群常去饮水的地方，住在另一座山的猴群每天都会风尘仆仆地赶来。为了方便它们取水，黄七邦用长长的管子将甘甜的山泉引到了食物丰盛的山下，让猴群少走了不少弯路与险途。

　　除了为猴子引水，黄七邦他们还为猴子架了桥。因为山中修建了公路，大猴穿越公路一般没有问题，但小猴跳到公路对面就十分不方便，怎么给这20多只猴宝宝扩大栖息地呢？巡护员就地取材，割下合适的藤蔓，将藤蔓系在腰间，施展攀爬技能，在路两旁相隔较近的树木上面架起了几道藤桥。这下，小猴就能沿着藤桥，去更宽广的区域觅食、生活了。

　　为了更好地保护猴群，曾经住在离猴子最近的半山腰的村民们纷纷把家搬到了山脚下。山里也早已停止了采矿，禁止乱砍滥伐。菲氏叶猴在原生态的环境中繁衍生息，成为这片山林里自由自在的快乐精灵。

请答题

菲氏叶猴宝宝身体的哪个部分最先开始变色？

A. 头部和四肢　B. 背部　C. 腹部

嘉宾观点

安安： 我选A。其实我对菲氏叶猴没有太多了解，我猜测它会先从头顶开始变色。

原来如此

节目中拍的菲氏叶猴宝宝全身都是金黄色的，一直依偎在猴妈妈的怀里。它们大概在3个月大时就会开始逐渐变成青灰色，先从头顶和四肢开始变色，最后完全变成父母那样。

菲氏叶猴非常稀少，即使在芒市也仅有400多只，因此能在动物园看到它实属不易。

张博士的科学小课堂

菲氏叶猴分布在我国滇西地区，较为偏远，因此很容易被忽视，再加上它们在野外很难被观察到，科学家研究起来比较困难，所以过去人们对它们的了解非常少。

现在，我们在建国家公园。等建好以后，大家就可以在里面看到菲氏叶猴的身影了。

正确答案是A，你答对了吗？

主持人：今天的《动物生存大讲堂》，请来了谁当老师？它就是"草原清道夫"胡兀鹫！

胡兀鹫的猎食绝招

大家好，我是你们的胡兀鹫老师，看我这一身丰满的羽毛和一双大毛腿，可比那"秃头大宝贝"——高山兀鹫帅气多了。我之所以叫胡兀鹫，是因为嘴下面长了一撮胡须，这让我显得更加机智。其实，我的大智慧可不仅体现在帅气的外表上，快来听我一一道来吧！

我们胡兀鹫身高将近1米，翼展将近3米，体重却只有4千克左右。我们每天能轻松飞行几百千米，可以说是名副其实的"飞行大师"了。和一般喜欢杀戮的猛禽不同，我们以腐肉和骨头为食，江湖上称我们为"草原清道夫"。我们的嘴犹如钢钳般强劲有力，可以轻易地撕裂肉块、咬碎骨头。

我们一般不会轻易靠近食物，或站在远处静观，抑或盘旋于空中，等其他食腐鸟类先吃上一段时间后，我们确认没有危险了，才会毫不客气地冲上去，打扫战场。有人说我们狡猾，但我觉得"强攻不如智取"。毕竟，我们可以取食其他食腐动物不能消化的部分，争抢也没有意义。

我们特别爱吃骨头。我们的食管富有弹性，能吞下整块骨头。我们拥有超强的胃酸，可以轻松溶解骨头。一旦遇到不易吞下的大块骨头，我们就会展示独门绝技了：先叼起大骨头飞至高空，再找准方位往下一丢，精准空投，砸中石头！我们是"最强骨头摔碎机"。

我们一直觉得自己是全能型选手：在空中侦察敌情，有侦察机功能；将大骨头从高空丢下，有轰炸机功能；直接把骨头消化掉，有清洁功能。要是没有我们，草原上这里一堆骨头，那里一堆骨头，那景色真是"美"到不敢看了，你们觉得我说得对吗？

请判断

胡兀鹫是世界上唯一可以消化骨头的鸟类。

A. 真的　B. 假的

嘉宾观点

小浩：我认为是真的。我觉得它不超过 24 小时就可以消化掉这些大骨头，而其他鸟类的胃酸达不到这个浓度。

小丽：我认为是假的。我知道有一些鸟类，比如鹈鹕，它可以生吞一整条鱼，所以我觉得题目中"唯一"的说法可能有些绝对。

原来如此

资深科普达人杨毅：有人说，猫头鹰吃小老鼠也是直接吞的，那猫头鹰不是也把骨头吞进去了吗？其实猫头鹰体内有一种叫"唾余"的物质，这主要是猫头鹰在消化过程中，由于某些物质无法被消化系统分解和吸收，而最终形成的团块。胡兀鹫的胃酸非常厉害，可以分解非常厚的骨壁，甚至可以溶解坚韧的股骨头（含碳酸钙），所以胡兀鹫是很少需要像其他鸟类那样吐出唾余来清理胃部的。

正确答案是 A，你答对了吗？

嘴部下方一撮形似胡须的黑毛是胡兀鹫的标志

只会咬人头发的无刺小酸蜂

今天我们要去的地方是云南的西双版纳,这里位于热带北部边缘,是中国热带生态系统保存最完整的区域。我们的动物观察员是傣族村民岩罕留,他常年生活在热带雨林,对这里的环境非常熟悉。岩罕留要带我们去寻找原始森林里的一种无刺小酸蜂,它不会蜇人,只会咬人的头发。在一棵古树的藤蔓旁,岩罕留发现了这些黑色的蜂。它们将窝建在树上,洞口状如喇叭。突然,几只小蜂扑向岩罕留,它们真的没有蜇他,而是停在了他的头发上。接下来,我们的问题来啦!

请答题

这种小蜂为什么叫"酸蜂"呢?

A. 它咬人后,人会产生酸痛感

B. 它产出的蜜带酸味

张博士的科学小课堂

虽然酸蜂属于蜜蜂总科,但算是一种无刺蜂。它之所以叫酸蜂,是因为当地老百姓发现它酿造的蜂蜜是带有酸味的。大多数蜜蜂都有刺针,当受到人类侵扰时,会用这种针蜇人;酸蜂却没有刺针,但如果你攻击它的巢穴,它就会飞到你的头上咬你的头发!

正确答案是 B,你答对了吗?

海洋中五颜六色的砗磲

主持人： 海洋是生命的摇篮，它哺育着形形色色的海洋生物。今天我们就来了解一种神秘又古老的海洋生物，它曾被人类想象成美人鱼的家，也是名画《维纳斯的诞生》中维纳斯脚下的"生命之源"。它就是砗磲（chē qú）。

砗磲的生存危机

砗磲是一种古老的海洋生物，早在汉代，我国就有对砗磲的记载。古人观察到砗磲外壳的表面具有凹凸不平的沟槽，像是古代车轮碾压道路后形成的痕迹，所以将其称为"车渠"；又因其厚重如石，于是人们在"车渠"二字的左边加上了"石"字旁，才变成了现在的"砗磲"二字。

砗磲神奇的地方在于，它是一种依靠光合作用生活的海洋生物。在砗磲出生后的 7 天内，它只需要进食丰富的金藻，吸收了金藻的营养后，砗磲度过了浮游阶段；之后，它不需要再通过进食获取营养，而是吸收虫黄藻，让虫黄藻在它的身体里"寄居"并开始与其产生共生关系。砗磲为虫黄藻提供生存的空间，而虫黄藻依附在砗磲的外套膜内进行光合作用，为砗磲提供营养。

砗磲是一种雌雄同体、异体受精的贝类，可以说是"既当爹又当妈"。砗磲体长超过100厘米，体重超过300千克，被誉为"贝王"。

中国科学院南海海洋研究所副研究员李军老师告诉我们，目前他们的海洋生物实验站里最大的砗磲叫库氏砗磲，和大熊猫一样属于国家一级保护野生动物。

由于过度开采和环境破坏，砗磲的数量越来越少。幸好，我国已经明令禁止捕捞和贩卖砗磲。同时，科学家也对砗磲展开人工培育，让砗磲的种群数量越来越多。

人工培育成功只是科研任务的第一步，这些年来，李军老师和他的同事们也做了很多人工放流的实验。放流的成活率在逐步提升，从最初的成活率不足10%，到现在已经超过了50%。

现在，砗磲又回到南海美丽的珊瑚礁群中平静地生活了。砗磲

人工培育让砗磲的种群数量得以增加

作为珊瑚礁生态系统的重要功能性物种,在保护海洋环境方面扮演着至关重要的角色。

请答题

砗磲是用什么方式找到它们终身栖息的场所的?

A. 和扇贝一样边游边寻找

B. 随波逐流后最终确定居所

C. 依附在其他动物身上并跟着移动,直至最终固定下来

嘉宾观点

小浩:我选B。因为砗磲成年以后长得特别大,那时就固定下来,不能移动了。它移动活跃的时候是在幼年期,那时它漂到哪儿,就会在哪儿生长,最后就可能一直固定在那个地方。

小宇:我选B。砗磲应该不会跟贝类一样"游泳"。

小泽:我选C。如果砗磲的体形就像我们在短片中看到的那样,那它就很难像扇贝一样"游泳"了。

张博士的科学小课堂

砗磲在幼年或体形较小时,能够随波逐流,当遇到合适的地方时,会"抓牢"海底的固定物,从而稳定下来并开始生长。

当它的个头增长到一定程度后,它的运动能力会受到限制,此时它会固定在原来的位置继续生长,直到成为"巨无霸"。

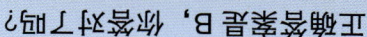

正确答案是B,你答对了吗?

鸳鸯的人造之家

"暖风熏得游人醉",这是一种春天的味道。这里是北京动物园水禽湖,又到了一年一度的"相亲大会"。对了,忘了自我介绍,我是鸳鸯宝宝,我的爸爸妈妈的爱情故事就是从春天的水禽湖开始的。

我的爸爸长得很漂亮,有着鲜艳的羽毛;我的妈妈看起来很普通,还挺害羞。请别诧异,雄性鸳鸯的羽毛长得就是比雌性的艳丽。这不,它们在水禽湖上初次相见,爸爸就对妈妈一见钟情,展开了热烈的追求。妈妈开始有点害羞,总是躲着爸爸,但爸爸认定妈妈就是它今生的伴侣,锲而不舍的追求最终感动了妈妈。爸爸和妈妈相爱了,它们在湖面上跳起了《爱的华尔兹》。

鸳鸯要想组建家庭、生下宝宝,解决住宿问题可是头等大事,这可难倒了妈妈。因为我们鸳鸯从来不会自己建巢,只会寻找天然树洞作为繁殖地。可是,环境好的天然树洞真的太少了,雌性鸳鸯之间经常为了争夺树洞而大战,只有战斗力最强的"冠军妈妈"才能保住巢穴。它会在巢穴里下蛋并孵化,而被打败、轰走的雌性鸳鸯留下的蛋,"冠军妈妈"也会帮忙孵化。但是,一位妈妈面对那么多蛋，肯定忙不过来，所以很多小鸳鸯就没有出生的机会了。

北京动物园的饲养员为了提高鸳鸯宝宝的出生率和成活率，开始筹划为鸳鸯建房。妈妈和我很幸运，住进了人类帮我们建好的房子中。现在，几乎每位妈妈都有自己的巢穴了，"夺巢大战"已很少发生。而且，如果巢穴里的蛋太多，妈妈忙不过来，饲养员还会拿走一些，进行人工孵化。越来越多的小鸳鸯可以来到这个世界上了！

经过将近一个月的孵化，我终于顺利出壳了。看，这个毛茸茸的小家伙就是我。今天是我出巢的第一天，真紧张呀！我还不会飞，只能从高高的树上跳下去。不过，离开巢穴是鸳鸯宝宝学会飞翔的第一步。我终于跳下来了，我成功啦！兄弟姐妹们，你们也加油哟！

逐渐长大的我不仅学会了游泳，还学会了寻找食物和飞翔。我变成了一位帅气十足的小伙子！其实，我们鸳鸯跟其他鸟类一样，野生野长、自生自灭，但人类不仅把我们视为忠贞爱情的象征，还把我们当成朋友。我们的生活质量提高了，家族壮大了，日子过得多姿多彩。人类，谢谢你们对我们的爱。

刚刚顺利出壳的鸳鸯雏鸟

请答题

小鸳鸯出壳多久后就可以从外形上分辨出雌雄？

A. 约6个月　B. 约9个月　C. 约12个月

嘉宾观点

小泽：我选A。鸳鸯应该是一种早成鸟，它出壳之后就能立刻跟着妈妈下水、觅食。所以，我猜测应该可以在最短的时间内通过外形分辨出它的性别。

小浩：我选C。因为只有成年的鸳鸯才能寻找配偶，那时它会找到自己身上的闪光点，吸引雌性的注意。所以我觉得应该要等它们长大一些，才能分辨出其性别。

小丽：我选B。之所以选择9个月，是因为我觉得这个时间既不短也不长，刚好合适。

原来如此

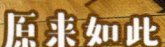

鸳鸯出壳后，它们身上长满绒羽；幼年时，无论雄雌，羽毛都是黄褐色相间的；一年后经过多次换羽，雌雄差异才会显现。

张博士的科学小课堂

鸳鸯、雁鸭还有雉鸡类，它们性别的分化过程包含很多要素，比如色素的产生、激素水平的变化、整个羽毛的变化等，也受光照、温度等影响，这个过程确实需要很长时间。

正确答案是C，你答对了吗？

全国走一走·动物猜猜看

"爱情鸟"白头鹤

江西的鄱阳湖是中国最大的淡水湖,也是候鸟的王国。鄱阳湖湿地拥有千年鸟道,是迁徙候鸟跨越湘赣两省的必经之路,每年有几十万到上百万只候鸟来此越冬。

正在晒太阳的白头鹤一家四口

动物观察员、鸟类摄影师魏东通过望远镜观察到,约1000米外有白头鹤活动。因为白头鹤生性胆小机警,魏东只能走走停停,慢慢地接近它们。白头鹤是国家一级保护野生动物,也是湿地旗舰物种,它头颈的羽毛为白色,其余部分为石板灰(黑)色。白头鹤主要以植物的根、茎、种子以及小麦和稻谷为主食,也会吃软体动物、昆虫及昆虫的幼虫。白头鹤是一夫一妻制,夫妻恩爱、形影不离,所以也被人们称为"爱情鸟"。

请答题

白头鹤一般会在哪里觅食?

A. 湖水中　B. 沼泽地带　C. 灌木丛

嘉宾观点

小浩:我选A。魏东老师是在鄱阳湖拍的,所以我觉得白头鹤应该是在湖水中觅食。

原来如此

资深科普达人杨毅:白头鹤主要的觅食地和休息地都是在沼泽地带,因为这里的水位较浅,有利于它们直接取食。

正确答案是B,你答对了吗?

狗狗能听懂人类的音乐吗

狗狗是不是真的能听懂音乐？我们和动物观察员张舒越带着几只狗狗展开了测试。我们会给狗狗听不同类型的音乐，然后通过专业仪器监测狗狗听音乐时的身体状态，重点是心率，以此来分析它们的情绪，判断它们是否听懂音乐了。

第一个接受测试的是一只柯基幼犬，听音乐前它的心率是100或101。我们先后播放了古典音乐、摇滚乐和京剧。通过测试，我们清晰地看到柯基幼犬的心率数据变化：听古典音乐时，心率最高98、最低80；听摇滚乐时，心率最高225、最低100；听京剧时，心率最高110、最低85。看来，面对不同的音乐，柯基幼犬的反应差异还是很大的。

第二个登场的是一只成年法国斗牛犬"牛牛"。听音乐前它的心率是103；听古典音乐时，心率最高95、最低84；听摇滚乐时，心率最高185、最低124；听京剧时，心率最高178、最低128。面对不同的音乐，牛牛的心率差异跟柯基幼犬差不多。

参加测试的柯基幼犬

为了让测试数据更具说服力,我们又找来查理士王小猎犬、阿拉斯加雪橇犬等好几只品种、年龄各异的狗进行测试。动物观察员发现,当播放节奏强劲的摇滚乐时,这些狗狗明显表现出来回踱步、不断哈气等焦躁不安的行为,心率数值也一路飙升;当听到优雅的古典音乐时,它们会表现得比较舒服、安静,心率数值降了下来;但听到京剧后,它们又躁动不安起来。

看来,狗狗真的能感知不同的音乐,并做出反应。如果你的狗狗有些烦躁,那么你可以为它们播放古典音乐、轻音乐,它们或许就会安静下来哟。

请答题

狗狗在听到竖琴演奏的音乐后会有哪种表现?

A. 变得焦躁　　B. 变得安静

嘉宾观点

小泽：我选 A。竖琴演奏的音乐让我感到身心愉悦，但是我觉得出题人经常不按常理出牌，所以我就剑走偏锋啦！

小张：我选 B。竖琴演奏的是一种古典音乐，我们看到在之前的测试中，狗狗听到古典音乐的状态是舒服、安静的，所以我选 B。

原来如此

竖琴的琴弦拨动出的声音清脆空灵。狗狗听着听着，便会舒服地趴下来，心率也随之变慢了。看来，竖琴演奏的音乐能让狗狗安静，抚慰它们的心灵。

斗牛犬在听到竖琴演奏的音乐后，情绪很快稳定了下来

张博士的科学小课堂

动物对声音的感知，和人类有些不一样。但是狗对声音的感知，在某些方面和我们人类差不多。所以，让我们感到身心放松的竖琴演奏，狗狗听了也会变得安静。

正确答案是 B，你答对了吗？

主持人： 江苏盐城的黄海湿地是丹顶鹤的越冬地。这里的巡护员和保育员除了要照顾丹顶鹤的日常起居，还要教它们学习飞翔。不对啊，它是鸟，咱是人，人教鸟飞翔？别急，一起去看看！

人类老师为丹顶鹤学生上飞翔课

你知道吗？野生丹顶鹤的全球种群数量不到3000只。每年3月后，丹顶鹤开始北迁之旅，而盐城的保育员依旧十分忙碌。

姜官宏是黄海湿地的第三代保育员，他经常模拟丹顶鹤的叫声，与鹤沟通。照顾小鹤已经有6年的姜官宏，今年遇到了一件让人头疼的事——一只小鹤无论如何都不愿意飞翔。

经过仔细观察，姜官宏发现了小鹤不飞的原因：其他鹤比小鹤年长、健壮，它们会欺负小鹤。

为了让小鹤尽快合群，姜官宏决定先为小鹤找一个性格温和的同伴来帮助它。在姜官宏和"好兄弟"的帮助下，其他鹤渐渐地不再欺负小鹤了，但是，小鹤还是无法飞起来，只会跟在姜官宏和"好兄弟"的身后跑上几步。

如果长期不飞，小鹤的飞行能力肯定会下降甚至丧失。面对这种情况，姜官宏跟前辈保育员沟通，改进了训飞方式。每天，他都会花上几个小时来单独陪伴小鹤，让它产生安全感，然后再引导它熟悉飞翔、练习飞翔、爱上飞翔。

经过姜官宏的"一对一辅导",小鹤逐渐能够判断风向、迎风奔跑了。姜官宏在前方领跑,小鹤一遍遍地追跑、一次次地振翅,慢慢地找到了飞翔的感觉。一周后,小鹤成功飞起来了!

如今,小鹤每次都可以跟上群体,展翅飞翔。它和大家一起构成了天空中一道美丽的风景。

自古以来,人类从鸟类身上得到很多启示:根据鸟类的流线型体形,改进了飞机的外形;根据鸟类的骨头,改进了飞行器的骨架结构——质量更轻、强度更高……如今,人类教小鹤飞翔的本领,正是人类对鸟类的回报。

保护区的每一只小鹤,从孵化、饲养到长大,都倾注了工作人员的心血。人们在野外越冬地开展人工驯养繁殖,建立丹顶鹤种群,再选择优质个体进行野化训练,目的就是希望丹顶鹤的野外种群得以壮大,希望有更多丹顶鹤能够在这里鹤鸣于九皋。

请答题

丹顶鹤几岁时头顶开始变秃?

A. 一岁左右　　B. 两岁左右　　C. 三岁左右

嘉宾观点

安安： 我选 B。因为丹顶鹤一岁时正值青春期，两岁就相当于一个中年人了，那时头顶应该就会开始秃了。

小泽： 我选 C。丹顶鹤可能和我们人类一样，年纪越大，头秃得就越厉害。

原来如此

丹顶鹤并不是一出生就会秃顶，雏鸟和未成年丹顶鹤的头顶都是有毛发的，头上的红色区域要到两岁以后才能完全显现出来。

张博士的科学小课堂

丹顶鹤头上那块红色区域是性成熟的重要标志。丹顶鹤的性成熟期基本上在两岁左右。成年以后，雄性丹顶鹤的红色头顶会比雌性的更加鲜艳，它是雄性讨得雌性欢心的重要"道具"。在全世界的15种鹤里，不只有丹顶鹤的头顶是红色，像美洲鹤、灰鹤、黑颈鹤，它们的头顶都有这块红色区域。

正确答案是 B，你答对了吗？

大象是躺着睡觉的吗

野生大象对人类来说具有危险性，因此我们需要在专业向导的带领下才能观察大象。动物观察员刘功成带我们来到西双版纳的野象谷，这里位于北纬21度以南，因为没有冬季，人们习惯用旱季和雨季来划分时节。在茂密的雨林中，人们搭建起观象栈道，在这里既可以看到大象的活动，又不会受到伤害。刘功成指着路旁的一株植物说："这种长长的卵圆形叶片是柊叶，傣族人喜欢用柊叶做食物。不仅人们喜欢吃，昆虫和大象也喜欢吃。"走出没多远，我们果然看到在栈道下的小溪边，几只大象在玩水。大象宝宝和妈妈形影不离，它钻到妈妈身体下玩耍，用鼻子对着河里吹气，真顽皮！

请判断

在野生亚洲象群中，只有幼年大象才会躺倒睡觉。

A. 真的　B. 假的

嘉宾观点

小张：我认为是假的。我见过疲倦的大象躺倒休息的情景。

原来如此

资深科普达人杨毅：大象非常重，长时间躺倒会压迫器官，对身体造成很大的伤害。所有大象都有躺倒睡觉的行为，当然时间不会很长。

正确答案是 B，你答对了吗？

辛勤忙碌的双角犀鸟夫妇

在云南省德宏州盈江县铜壁关自然保护区茂密的山林里，不少摄影师架着"长枪大炮"，对准了一棵光秃秃的树。是什么让摄影师扎堆于此，聚精会神地工作呢？经过漫长的等待，他们追捧的"大明星"终于登场了！

这是一种奇特的鸟，名叫双角犀鸟，它的头上戴着威武的"头盔"。现在正值双角犀鸟的繁育期，它们要做一项重要的工作——筑巢。因为双角犀鸟的筑巢技术很奇特，所以引来了摄影师的围观。

这对双角犀鸟夫妇是从3月开始筑巢的。它们经过精心挑选，决定把巢建在树洞里。雌犀鸟在树洞里，雄犀鸟在树洞外，它们共同努力，将巢封好。原本能让雌犀鸟自由进出的洞口，现在已经被它们封得只留下一个小口，雌犀鸟只能伸出嘴来进食。等到它们的宝宝出生之后，雌犀鸟才会啄开洞口，飞出巢穴，再将洞口封上。至于巢里的鸟宝宝，则要再等1~2周才能出巢。 在保护区内，这样的犀鸟夫妇可不止一对。这个保护区是我国目前唯一能稳定监测到双角犀鸟繁殖的地区，也是国内目前所知最大的双角犀鸟的种群栖息地，犀鸟数量有100多只。双角犀鸟的繁殖期持续6~9周，其间，雄犀鸟需要寻觅食物，除了为自己补充营养，还要饲喂伴侣和鸟宝宝。

为了能让犀鸟种群在这片土地上自由地繁衍生息，工作人员千方百计地为犀鸟补充食源，他们种植了高山榕和小叶榕，这些树结出的果实对犀鸟来说可是美味佳肴。在育雏期间，犀鸟妈妈待在树洞内无法外出，犀鸟母子的饮食都由犀鸟爸爸供给。这种独特的育雏方式看起来分工明确，但风险极大。保护区管护局里有一只雄犀鸟的标本，这只雄犀鸟就是在觅食时遭遇不幸的。工作人员将它制成标本，用作科学研究，同时也提醒大家要更努力地做好保护工作。一只雄犀鸟的意外身亡，可能意味着它的伴侣和宝宝会永远留在封好的树洞里！

现在，管护局建立了智慧监测中心，在保护区内的主要交通路口和犀鸟巢穴附近架设了监控设备，全天候监控保护区内的犀鸟。如果有什么特殊情况，人们可以及时采取补救措施，尽量避免犀鸟意外死亡事件发生。

让人欣慰的是，犀鸟种群的数量越来越多，工作人员掌握的信息也越来越全面：哪对犀鸟开始产宝宝了，哪对犀鸟封巢了……工作人员希望，在摄影师的记录下，大家会更了解、更爱护这种美丽的鸟儿。

请答题

雌犀鸟在洞内封巢用的材料是（　　）。

A. 苔藓　B. 树叶　C. 粪便

嘉宾观点

小宇：我选C。仔细看这道题的题干，"洞内"是个关键词。节目中提到它会长期待在洞里，而我没听说过哪种苔藓或树叶会生在树洞里边，所以我选C。

小玉：我选B。用树叶做装修材料，是因为它很容易获得，且能遮风挡雨，性价比高。另外，我想无论什么动物都不会考虑用粪便封巢的，那也太"重口味"了！

小浩：我选C。我觉得树叶应该是铺在巢里面的，而不是封巢的材料。

小张：我选A。粪便不能算是一种材料，也没有谁会把粪便作为自己家里的装修材料。

原来如此

资深科普达人杨毅： 在各地动物园里，犀鸟都算是鸟类馆里的明星。如果雌鸟和雄鸟成为伴侣，饲养员就会为它们准备一个大巢箱。不同种类的犀鸟，巢箱的尺寸也不尽相同。当雏鸟孵化出壳，羽翼尚未丰满时，犀鸟妈妈和宝宝会从里向外，同啄巢口。啄开巢口的鸟宝宝依然不能独立生活，它们还会待在原来的洞里，由爸爸妈妈轮流喂养，直到羽翼丰满，再和爸爸妈妈学习飞行和取食的技巧。等鸟宝宝能完全独立生活了，犀鸟夫妇再进入下一个繁殖期，为新生命的诞生做准备。

张博士的科学小课堂

双角犀鸟一般会选择天然树洞为巢。在封巢时，除了雄犀鸟衔来木屑、泥土等材料，从外面封堵，雌犀鸟也会用唾液混合自己的粪便，从里面堵住洞口。

雌鸟从洞里封巢，一定是用它很容易取到的材料。鸟类的粪便比较黏稠，再加上唾液、树枝、泥土混合，就成为类似"混凝土"的材料了。

犀鸟的体形很大，所以它找的树洞必然也会很大。不仅是蛇、蜥蜴这些爬行动物会爬到洞穴中，很多灵长类动物也有可能会钻到树洞里。为了安全，犀鸟会把洞穴封得只剩下一个可供进食的小洞。

另外，铜壁关自然保护区是我们国家能够看到犀鸟种类最多的保护区，不仅有双角犀鸟，还有棕颈犀鸟。在2021年2月新公布的《国家重点保护野生动物名录》中，犀鸟就从过去的国家二级保护野生动物升级为国家一级保护野生动物。

正确答案是 C，你答对了吗？

鸬鹚的第三对眼睑

同学们，我是今天《动物生存大讲堂》的老师——鸬鹚。

我们的分布范围很广，亚欧、北美东北部、非洲北部等地都有我们的身影。我们适应环境的能力超强，具有海陆空三栖能力，潜水、跑步、低飞，样样在行！同学们，你们也要从小树立远大的志向，争做像老师我这样的全能型人才啊（老师也想低调，可实力不允许啊）！

怎么，有人说我光说不练？来吧，展示一下！看我这身羽毛——远看似黑墨、单调无奇，可近观会发现它们呈现出一种蓝绿色的光泽！经常扑棱翅膀是我们标志性的动作，这是为了让被水打湿的羽毛快速干燥，既干净又卫生。你们人类的衣服，不也得洗干净、晾干了，穿上才舒服吗？宽大的脚蹼让我们游得更快，坚硬的喙让猎物难以逃脱，精湛的水下捕食技能就是我们的生存法宝……同学们，接下来，老师要抛出今天的问题了。准备好，作答啦！

请答题

鸬鹚在水下捕食主要依靠哪种感觉？

A. 听觉　　B. 视觉　　C. 嗅觉

嘉宾观点

小张：我选 C。如果水里很混浊，水下视物就不能依靠视觉了。节目里也没有提到鸬鹚听觉灵敏，所以我把听觉也排除了。

资深科普达人杨毅：依靠视觉来捕鱼的鸟不仅有鸬鹚，还有鹈鹕和鲣鸟等。鹈鹕不潜水，但是当鱼游到近水面时，鹈鹕就会把整个儿脑袋扎进水里去捕鱼。鲣鸟也利用视觉捕鱼，它们先在有鱼群的海面盘旋，看准时机后直接成群地冲进海里，甚至冲进海面下 10～20 米。

小宇：我选 B，因为我觉得鸟类具有视觉优势。

张博士的科学小课堂

　　想在水下看清物体并不容易，好在鸬鹚的眼睛有瞬膜，这是保护眼睛的第三对眼睑。所以，它们才能在水下锁定猎物，百发百中。

　　鸟类有视觉优势。鸬鹚经常捕的是鱼群，而不是单独活动的一两条小鱼。所以，虽然水质混浊，但是鱼群目标大，鸬鹚也能看得清楚；加之它具有瞬膜，这就相当于多出一对眼睑，像一张透明的膜把双眼盖住了，这样既能保护双眼，又能让它看清猎物。

正确答案是 B，你答对了吗？

带你去看巨松鼠

云南铜壁关自然保护区位于我国热带最西端的中缅边境。这里的海拔从200多米到3000多米不等,森林茂密,动植物资源丰富,很适合巨松鼠栖息。动物观察员龚强帮今天就要带大家去看一看巨松鼠。

巨松鼠是一种大型啮齿类动物,主要栖息于海拔2000米以下的热带、亚热带雨林的高树上,也是一种典型的树栖动物。因为它的长相和松鼠相似,而体形又远远大于松鼠,因此被称作"巨松鼠"或"树狗"。巨松鼠的身体瘦长,头骨短而宽,毛长而密,尾巴比身体还长,尾毛蓬松。龚强帮发现了一个巨松鼠的巢穴,巢穴建在高大的乔木树干上部,以枯树叶为筑巢材料。

请答题

巨松鼠一般会将食物藏在哪里?

A. 树上　　B. 颊囊　　C. 地下

嘉宾观点

安安:我选A。松鼠一般都会在树上吃东西、睡觉,所以我认为巨松鼠肯定也会把食物藏在树上。

原来如此

资深科普达人杨毅:巨松鼠是啮齿类动物。很多松鼠藏食物的地点都不一样。巨松鼠生活在我国南方的热带雨林里,它的食物多数是榕树果等浆果类以及一些芸香科植物,它会把食物藏到树上的巢穴里,这样非常安全。

正确答案是A,你答对了吗?

普氏野马的复兴之路

"胡马大宛名,锋棱瘦骨成,竹批双耳峻,风入四蹄轻。"唐代诗人杜甫的诗句让我们感受到了胡马的魅力。今天,动物观察员张舒越将带我们近距离了解普氏野马。

普氏野马是目前世界上现存的唯一的野马种群,全球仅2000余匹。内蒙古大青山保护区曾经是普氏野马的活动区域,但由于人类活动的影响,普氏野马一度在内蒙古销声匿迹了。

新疆野马繁殖研究中心高级兽医师恩特马汗·阿站汗(我们称他为马克老师)向我们介绍了普氏野马和家马的区别:第一是毛色,野马的毛都是土黄色,家马的毛色更丰富一些;第二是鬃毛,野马的鬃毛是短短的、立起来的,就像男孩的板寸发型一样,家马的鬃毛是长长的、耷拉着的,奔跑时很飘逸;第三是脊背线,野马的后背有一条颜色比较深的线,而家马是没有的。

普氏野马拥有6000多万年的进化史,至今仍保留着马的原始基因。除了外观差异,它们和家马相比,性情更加凶猛,具有

极强的适应自然的能力。这一次，新疆野马繁殖研究中心将选拔6匹普氏野马，让它们再次回到祖先的家园，承担起内蒙古大青山地区种群复建的重任，因此，对第一批普氏野马的选择至关重要。动物观察员张舒越此行的主要任务，就是辅助工作人员，一起选拔出适合放归的普氏野马。

马克老师告诉我们，选拔标准有三项：第一是年龄，一般是3~10岁的青年、壮年马匹；第二是近交系数，要选择血缘关系比较远的马匹；第三就是身体健康。

张舒越先请教专家，排除了野马近亲繁殖的风险，再在适龄普氏野马中筛选出优秀的普氏野马，和马克老师一起为这些野马做了一次健康筛查。他们分别收集了40匹马的粪便，送到实验室化验，选出寄生虫感染较少的马匹；再通过查询它们的血常规检验记录，最终筛选出6匹符合标准的普氏野马。

但是，张舒越看着其中一匹叫"黑风"的马，觉得它似乎存在情绪问题：它总是孤零零地绕着马场疯跑。这是最让马克老师头痛的。 黑风的脾气很不好，曾把另一匹同住的马踢伤了。像黑风这种脾气暴躁的野马，真的适合野外放归吗？

请判断

脾气暴躁的普氏野马不适合野外放归。

A. 真的　B. 假的

嘉宾观点

小泽：我认为是假的。我觉得普氏野马不管是在被人类圈养还是在野外生存时，脾气都很大，这是它的天性。

小张：我认为是假的。脾气暴躁是它具有野性的证明。

小宇：我认为是假的。它的暴脾气也许是因为它被圈养太久而形成的，所以它更需要放归野外透透气。

小玉：我认为是假的。物竞天择，适者生存，具备野性是可以野外放归的重要条件之一。

张博士的科学小课堂

像黑风这样脾气暴躁的马适合野外放归吗？答案是它很合适，因为这样的脾气能够让它在野外保护自己和自己所在的马群。

普氏野马曾经很繁盛，但是由于人类活动的影响，其数量急剧减少。现在，在野生动物保护人员的共同努力下，它们的生存状态在日益改善。

正确答案是B，你猜对了吗？

帮15000多只扬子鳄搬家

阳春三月,动物观察员路伦一来到安徽省扬子鳄繁殖研究中心。看,河岸边有一只扬子鳄已经结束了冬眠,此刻正一边享受着阳光和春风,一边接受拍摄和采访。山坡旁有两个扬子鳄巢穴的洞口,入口相距约50厘米,就像打通的地道一样,地道再往下延伸,有七八米长。

在研究中心,扬子鳄共有15000多只,野生状态下打洞越冬的扬子鳄只有500只,那么剩下的扬子鳄去哪儿了呢?这就是今天路伦一需要完成的任务:叫醒扬子鳄,给它们搬个家。

安徽省扬子鳄繁殖研究中心是全世界最大的扬子鳄人工种群繁育基地,经过30年左右的人工饲养和繁殖,扬子鳄的数量已经由当初在野外收容救护的212只增加到现有的15000多只,扬子鳄这一濒危物种在这里得到了有效的保护。

在这里,动物管理科的周永康科长带路伦一来到人工繁育的扬子鳄的越冬房。他们走进一间屋子,池子里横七竖八地躺着好几只扬子鳄，它们的体长约1.4米，体重约10千克。现在，它们已经到了苏醒期，属于半睡半醒的状态。就在路伦一和周科长讨论的时候，一只眼睛还闭着的扬子鳄突然发出了"呼呼"的声音，路伦一轻声地向周科长开玩笑说："那是它的'起床气'吧！"

周科长告诉路伦一，扬子鳄一般在每年的11月逐渐进入冬眠，工作人员要把它们搬到越冬房。到了气温回暖的3月，他们再把扬子鳄搬回到外面的池塘里。15000多只扬子鳄都靠人工搬运，这可是个大工程。

搬运时，周科长先要把扬子鳄闭合的嘴巴抓牢，防止它啃咬，然后把它整个身子提起来，再抓住后腿，行云流水般完成这套动作。即使搬出池子后，周科长也一直牢牢地抓住它的嘴巴，没有丝毫松懈（专业动作，请勿模仿哟）。

工作人员把8只扬子鳄搬到三轮车上，再驱车来到保护区的室外养殖池边，这里就是扬子鳄结束冬眠后生活的地方。工作人员拿出为扬子鳄入池而特意制作的滑梯，让它借助滑梯滑进池塘。很快，三轮车上的扬子鳄已经全部搬好家了。这时，让路伦一感到好奇的问题出现了……

刚孵化出来的鳄鱼宝宝

请答题

扬子鳄冬眠结束后一般多久开始进食?

A. 立刻进食　B. 1~2周　C. 1~2个月

扬子鳄借助滑梯滑入池塘

嘉宾观点

小丽：我选B。因为长时间未进食，消化系统需要适应的过程，所以立刻进食不太合适。

小张：我选C。冬眠期间，它的能量消耗会降到最低；冬眠结束后，它体内的能量储备或许还能支撑两个月。

张博士的科学小课堂

扬子鳄冬眠结束后，不会急着进食，而是会根据气温调节自己的生理规律，大概到5月份才会开始进食。

爬行动物，特别是像扬子鳄这样的冷血动物，它们需要积累足够的热量（即积温），才能使身体各项机能活跃起来。

正确答案是C，你答对了吗？

来自海洋的生存高手

海洋给我们的印象总是神秘莫测的：海面即使风平浪静，海下也可能凶险万分。在光线幽暗的海床上，突然张开的长满尖牙的大口会瞬间吞噬其他生命。那么，面对凶险，在这里生活的动物就真的束手无策了？不！一些海洋动物凭借自己特殊的技能，在高手如云的环境下生存、繁衍。今天出场的3位生存高手分别是山羊鱼、黄金乌贼和䲁（bì）鱼，让我们一起去看看吧！

"侦察高手"山羊鱼：
我之所以叫山羊鱼，是因为嘴下有两根长长的胡须，就像山羊的胡须那样。我的胡须是我的侦察利器——我会边游边用胡须在海底进行"扫描"，沙粒下的任何蛛丝马迹都逃不出我的法眼。"侦察高手"的名号非我莫属！

"隐身高手"黄金乌贼：
光会侦察有什么用？要是不会躲藏，还不是一下子就被

山羊鱼（供图／视觉中国）

天敌盯上了？我们黄金乌贼就是进可攻、退可守的"隐身高手"。我们能"遁地"，先将身体的后半部分钻进沙子里，再用两条腕足往头顶和上半身撒沙子，将自己严严实实地埋起来。怎么样，你们山羊鱼能看见我吗？除了遁地，我们还能根据环境和心情迅速变换体色，这样无论是躲避天敌还是捕捉猎物都更容易了。

"智力高手"䲁鱼： 都别争了，在海底生存，不仅要学会侦

察、躲藏，还要懂得把握机会，主动出击，所以拥有超凡的智慧才是最重要的。我们躄鱼最特殊的身体器官就是头上的"钓鱼竿"了，"钓鱼竿"上还有一个"鱼饵"。捕猎时，我们摆动"钓鱼竿"，吸引鱼虾，诱敌深入，一击必中。"啊呜——"钓到一只大虾，味道还不错哟！看到了吧，在海底生存，靠的还得是智慧呀！

躄鱼用胸鳍在海底匍匐游动

请判断

躄鱼的"鱼饵"如果意外脱落了，还会再次生长。

A.真的　B.假的

嘉宾观点

小宇：我认为是真的。躄鱼的游泳能力已经退化了，鳍肢也已经成为类似足的东西，在这种情况下，"鱼饵"断了肯定会长出来，不然它就会饿死。

张博士的科学小课堂

"钓鱼竿"实际上是躄鱼背鳍的第一脊刺特化出来的一根长刺，这根长刺前面有一个片状物，像是"鱼饵"。这个"鱼饵"一旦脱落了，还会长出一小片，尽管和原来的不太一样。

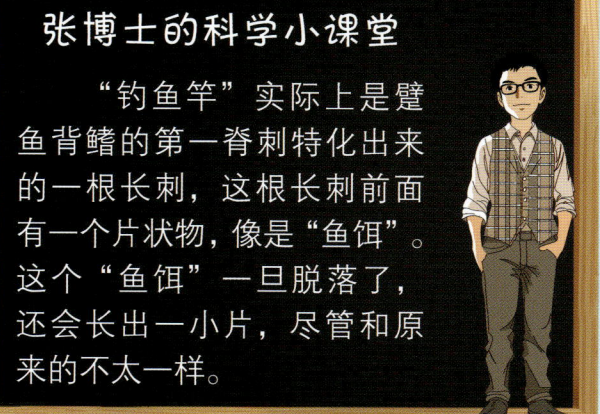

正确答案是 A，你答对了吗？

大食蚁兽宝宝总是喜欢黏着妈妈

动物求助热线

"亲爱的动物家长,欢迎来到'好妈妈求助热线',我们专为新手爸妈排忧解难。咦,电话铃响了,让我们来接听第一位听众的电话。"

"你好,我是动物园的大食蚁兽妈妈,我的宝宝已经到了下地独立活动的年纪,可它总是黏着我,走到哪里都要我背着,不愿意自己活动。这两天,饲养员想带它去做个体检,可它连理都不理人家。眼看体检就要做不成了,不能及时掌握它的健康情况,我们都很着急。你能帮我出出主意吗?"

"大食蚁兽妈妈,我们建议饲养员可以试试这个方法:在接触你的宝宝之前,在手上蘸一些你的尿液。这样可以让宝宝感受到周围有妈妈的气味,会更有安全感。"

"谢谢,饲养员照着做了,宝宝嗅了嗅她的手,终于搭理她了。现在,饲养员已经成功为宝宝体检啦!虽然宝宝要离开我,我的心里很难过,但必须让它学会独立,我才有时间和精力孕育下一个宝宝。"

"独立是孩子成长中的一大挑战,爸爸妈妈要有耐心和技巧,祝你和宝宝在未来的日子里健康快乐!我们再来接听下一个求助热线。"

"你好,我是亚洲象,我是替饲养员求助的。饲养员被我们大象亲切地称为'象爸'。几年前,象爸收养了一只被父母抛弃的小象,给它取名叫'羊妞'。虽然他把羊妞照顾得很好,但羊妞和我们有父母的象宝宝不同,它缺乏象族长辈的指导,很难真正掌握野外的生存技能。羊妞如果不能适应野外生活,象爸又该怎样帮助它融入象群呢?"

"如果减少羊妞在野外见到象爸的机会,它是不是就能学着独立了呢?"

"象爸试过这个办法,趁羊妞玩得高兴,悄悄地躲起来。可是,羊妞急得也不玩了,到处乱跑乱叫,直到找到象爸了,它才安心。"

"那有没有试过,让羊妞和象群住到一起呢?可以用它喜欢的食物和玩具引导它搬进集体宿舍。"

"我们试过啊,但这个办法也失败了。不过,我们也发现了羊妞很难融入象群的原因:它从小没有妈妈,是喝羊奶长大的,所以它身上总有一股羊膻味,这让其他大象有些受不了。这也好办,只需要请象爸把象群的粪便涂抹在羊妞身上,就可以遮盖它身上原来的气味了。"

"那你们赶紧试试!"

"好嘞!啊,果然,

羊妞有了大象独有的熟悉的味道，顺利地被接纳了。"

"太棒了！接下来就要靠羊妞自己适应了，毕竟，谁都不愿意离开自己最亲近、最依赖的群体。成长的路上，离别也意味着新机遇的来临。我们期待羊妞早日真正融入它的大家族。"

请判断

哺乳期结束后是人工育幼长大的小象回归种群的最佳时机。

A. 真的　B. 假的

嘉宾观点

小张：我认为是假的。就像学生从学校毕业后，很少会直接独立负责一个工作项目，而是需要经过一段时间的锻炼，象群也不一定能马上接纳人工育幼断奶后的小象。

小泽：我认为是真的。哺乳期结束后，小象已经有一些捕食能力了。就像人类断奶之后该学吃饭那样，这个时候小象再不回归象群就晚了。

张博士的科学小课堂

哺乳期结束后，人工育幼的小象不能立刻被送回象群，而是要经过一系列的训练，直到具备融入群体的能力。这是一个长期的过程。尽管没有象妈妈教授，但是饲养员会告诉小象什么能吃、什么不能吃。大象是母系社会，群体成员间有着亲缘关系。换句话说，如果失去双亲的小象跟这个群体没有任何血缘关系的话，通常是不会被象群接受的。

在肯尼亚有一座"小象孤儿院"，一些"孤儿"若感情较好，就会组建一个新的群体。另外，当一些"孤女"慢慢长大，成为首领时，它们可以组建自己的家庭，形成新的群体。

正确答案是 B，你答对了吗？

螳螂捕蝉，黄雀在后

浙江省湖州市德清县西部的莫干山享有"江南第一山"的美誉。这里风景秀丽，生态环境非常好，是许多昆虫、两栖动物和爬行动物的天堂。动物观察员郑霄阳发现在一片花瓣上潜伏着一只螳螂和一只毫不知情、正在采蜜的弄蝶。螳螂逐渐靠近，很快，它发起攻击，抓住了弄蝶，开始享受美餐。同样的场景发生在不远处的森林小路上，一只螳螂和一只螽斯在一根树枝上相逢。螳螂发动了进攻，螽斯成了它的盘中餐。其实，这样的场景每天都在大自然中上演，体现出弱肉强食的自然法则，也彰显出动物的生存智慧。

请判断

虽说"螳螂捕蝉，黄雀在后"，但是在野外，有些螳螂会把鸟类当成猎物。

A. 真的　B. 假的

嘉宾观点

小浩：我认为是真的。因为我见过螳螂捕捉蜥蜴、老鼠、蛇，所以我觉得螳螂捕捉鸟是有可能的。

张博士的科学小课堂

螳螂捕猎是依靠它非常强健的前足，像非洲的绿巨螳螂体形非常大，捕食一些小型鸟类对它来讲是一点问题都没有的。

正确答案是 A，你答对了吗？

文昌鱼（供图/视觉中国）

主持人： 今天，我们要带大家去看一个古老的物种，据说，在5亿多年前，它就生活在地球上了。到底是什么物种，如此古老而神秘呢？让我们一起去看看吧！

5亿岁高龄的鱼

动物观察员路伦一双膝跪地、拿着放大镜，在厦门黄厝（cuò）海滩上仔细地寻找着什么。小路到底在找什么神奇宝贝呢？原来，他要找的是有着"生物进化史上的活化石"之称的文昌鱼。据说，文昌鱼生活在浅滩区，海水退潮时，人们可以在沙滩上看到它的身影。传说，是神仙文昌星君把这些怪鱼带到厦门一带的，它们因此得名"文昌鱼"。文昌鱼叫鱼但不是鱼，是无脊椎动物向有脊椎动物演化的过渡生物——脊索动物。达尔文曾经说过，从文昌鱼身上，我们可以看到脊椎动物祖先的模样。

小路在海边找了很久都没有收获，便决定去寻求高人的帮助。他找到了研究文昌鱼的专家——厦门市海洋发展局的周仁杰老师。果然，周老师身边的水桶里有一些灰色的泥浆，文昌鱼就在这泥浆里。扒开泥浆，小路终于发现了一种四五厘米长的长条状半透明动物，它就是小路苦苦寻找的文昌鱼。

20世纪中叶，文昌鱼曾经在厦门沿海随处可见，在我国其他沿海地区也有分布；但由于自然环境的变化，种群数量急剧下降，现在仅在特定的海域、特定的时间才能找到。文昌鱼被列为国家二级保护野生动物。为了保护文昌鱼，厦门建立了专属自然保护区，全面禁止非科研项目的捕捞行为。

周老师带小路来到了厦门市海洋与渔业研究所。这里是世界上唯一的文昌鱼人工繁殖基地。2005年，在这里人工繁殖文昌鱼取得了成功，为野外文昌鱼资源增殖提供了可能。现在，人工育苗的数量每年有几十万到几百万条。人工养殖的文昌鱼被陆续放归大海，研究所为厦门渔业生态的恢复做出了很大的贡献。

看着实验室器皿里的文昌鱼，小路好奇地问："周老师，文昌鱼分雌雄吗？"

"分的。你看，"周老师指着文昌鱼半透明身体的一侧

说，"这是文昌鱼的性腺。这条性腺是白色的鱼是雄性，那条性腺是黄色的鱼就是雌性了。成年文昌鱼体长约 5 厘米，每年 5~7 月是它们的繁殖季；从 0.1 毫米的鱼卵长成幼体，需要 3 个月。"

周老师将一块附有文昌鱼鱼苗的载玻片放在显微镜镜头下，请小路观察鱼苗放大后的样子。

"我们现在看到的文昌鱼，出生大约 45 天。你瞧，这是它的头和鳃裂。脊索动物的特征①之一就是有鳃裂，鳃裂是用来呼吸、过滤氧气的。它吃进肚里的食物最终会到达底下这块黑色的区域。"周老师指着电脑图像介绍道。

小路凑近细看，从中看到了文昌鱼的消化道："没想到它这么小，身体的构造却这么复杂。周老师，在研究所里，人们会给文昌鱼投喂什么食物呢？"

以下哪种是文昌鱼的食物？

A. 藻类　　B. 浮游动物　　C. 以上二者都是

安安：我选 B。我认为浮游动物都比较小，文昌鱼更容易捕食。

小玉：我选 C。文昌鱼吃的东西是一些有机碎屑，藻类其实也有很小的，浮游动物就更小了。

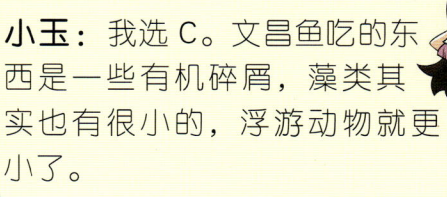

①脊索动物具有 3 个特征：有脊索、背神经管和鳃裂。

原来如此 周老师带小路来到一间实验室。室内的架子上整齐地摆放着玻璃器皿：一边的器皿内盛满了绿色的液体，里面装着扁藻；另一边的器皿内盛满了黄绿色的液体，富含金藻。扁藻和金藻是人工繁育文昌鱼非常宝贵的食物。

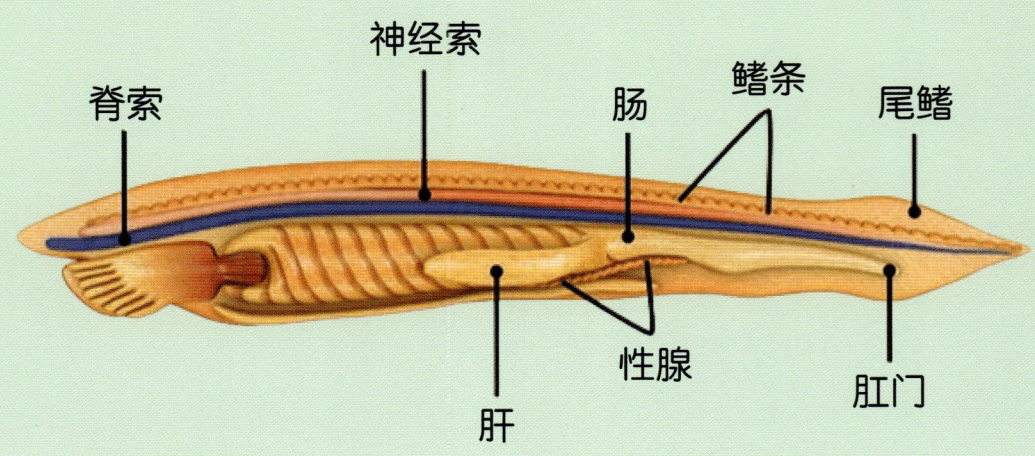

张博士的科学小课堂

文昌鱼并不是鱼，而是一种脊索动物。在脊索动物的消化道和神经索之间，有一根非常细小的管子，这就是脊索。人类过去是有脊索的，经过演化，在胚胎期依然存在，但是胚胎经过分裂发展，脊索就变成了脊柱，脊索动物演化为各种脊椎动物，其中就包括类人猿。文昌鱼这种很原始的脊索动物吃的食物就是比较原始的、比较微小的藻类。

正确答案是 A，你答对了吗？

顺拐走路的长颈鹿

动物园里的动物要军训了,教官是长颈鹿。

"集合!"长颈鹿高声喊道。

其他动物睡觉的睡觉、玩耍的玩耍,没人理教官。

"你累不累啊?大热天的,干吗不睡睡觉?"黑猩猩翻了个身,继续呼呼大睡。

"齐步走。"长颈鹿喊道,率先向前走去。

"长颈鹿顺拐啦!"猴子叫道。

斑马、黑猩猩、骆驼、山猫、老虎等动物都抬起头看向这边。

"跟我走。"长颈鹿不理猴子的话,它要以身作则,"一,二,一!一,二,一!"

黑猩猩盯着长颈鹿的腿说:"哟,它确实顺拐了。"

山猫说:"是哟,这样也能当教官?"

长颈鹿义正词严地说:"学员们,你们是不是觉得我走路有问题?来来来,教官我要给你们上一课了!"

猴子跳下来,给长颈鹿摆好黑板,这不,长颈鹿教官的《动物生存大讲堂》开讲啦!

长颈鹿:我们长颈鹿的走路方式比较独特,一侧的前腿迈出去之后,同一侧的后腿会立刻跟进,这样,迈出去的前腿就会和后腿形成一个稳定的三角形结构,看起来像是顺拐一样。

猴子:你们为什么要这样走路呀?

长颈鹿:看问题要看本质啊!之所以这么走路,是因为我们个子高、体重大,还有脖子长、腿长。如果像大多数四足动物那样走交叉步,我们很容易失去重心摔跟头。所以,这种走路姿势是我们进化出来的独特步态。还有很重要的一点——因为我们的

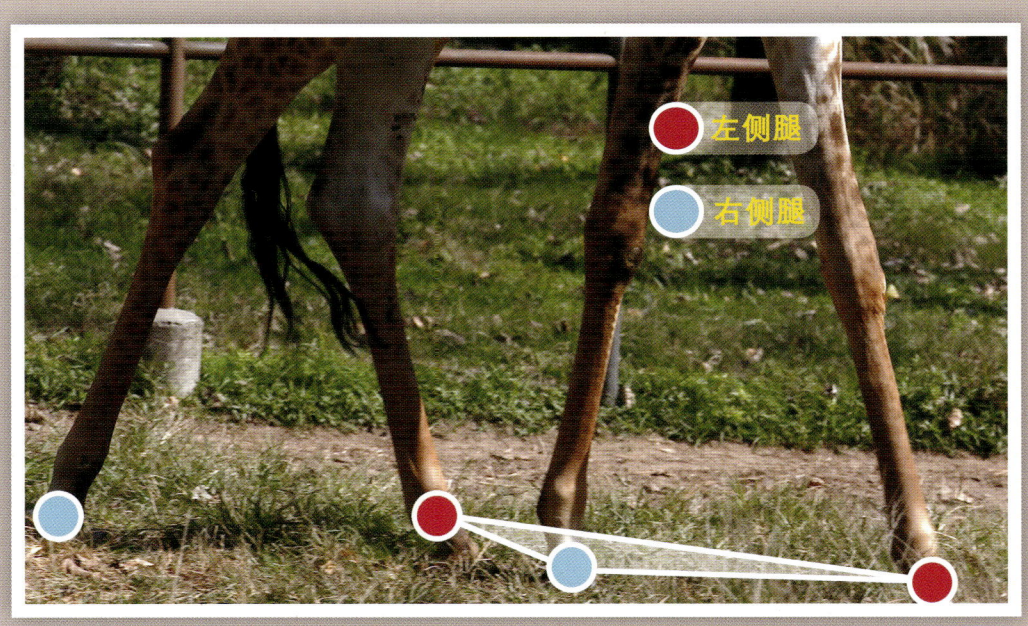

脖子太长了，大脑离心脏的距离太远（有两米多长），所以我们的血压有点高。用顺拐的方式走路时，我们心脏的静脉瓣和动脉瓣会自动打开或者闭合，能够防止血液回流，最大限度地保证我们的安全。好，我们开始军训吧，全体都有，跑步走……

了解了长颈鹿的顺拐问题后，其他动物依旧没有按长颈鹿的吩咐做，可长颈鹿还是一副认真负责的模样，迈开腿向前跑去。接下来，我们的问题来啦！

请判断

长颈鹿跑步的时候也顺拐。

A. 真的　B. 假的

嘉宾观点

安安：我认为是真的。我看它走路的时候是顺拐，跑步只是速度变快了，应该也还是顺拐。

小泽：我认为是假的。长颈鹿会跑步吗？我没见过长颈鹿跑步，它那么高，怎么跑呢？所以我觉得是假的。

张博士的科学小课堂

事实上，长颈鹿走路顺拐并不是真正意义上的顺拐。如果长颈鹿顺拐，跑步时速度快，方向肯定会偏。不同的动物身体结构、生活习性和生活环境都不同，每一种动物跑步或走路的姿势都是最适合它们捕猎或逃跑的，最能满足它们生存的需求。

正确答案是B，你答对了吗？

主持人： 我们的节目从开播以来，为大家介绍过很多动物饲养员，相信大家对这份职业已经不陌生了。今天为你介绍的这位饲养员，号称"猩猩的哥哥"，莫非他有什么超能力？我们去看看再说！

"猩猩的哥哥"

最近，南宁动物园里出现了一位来自德国的动物朋友——黑猩猩"桑米"。桑米刚来南宁动物园，好像有点儿水土不服，它不仅不愿意吃东西，脾气还特别暴躁，动不动就撞笼子、欺负其他黑猩猩。饲养员没办法和它正常沟通，只好将它单独关在一个房间里。

饲养员孔繁铭一直跟黑猩猩打交道，他知道黑猩猩跟人类一样，有属于自己的语言。孔繁铭想："既然这位动物朋友不愿意听中文，那我们就换个方式和它交流。如果我用黑猩猩的语言跟桑米'说话'，会不会缓解它的'入园焦虑'呢？"

于是，孔繁铭不仅尝试模仿黑猩猩的叫声，还去看各种有关黑猩猩的纪录片，边学边试、边试边学。他慢慢发现，桑米的各种行为其实是它内心不安的表现，比如它欺负其他黑猩猩，是因为对陌生环境感到恐惧；它不愿吃东西，很可能是不确定食物是否安全。

孔繁铭开始采取措施，一点点地接近桑米。他陪着桑米一起大喊大叫，学桑米"说话"。

渐渐地，桑米不再发脾气，吃东西时也不再像之前那么抵触。孔繁铭每天都会为桑米准备它喜欢的蔬菜、水果，帮它洗脸、洗手，有时还会帮桑米挠痒。桑米也会主动低下头，让孔繁铭摸一摸它的脑袋。

同事们都很佩服孔繁铭，问他："你真的学会黑猩猩的语言了？"孔繁铭告诉同事们，虽然人类无法真的学会黑猩猩的语言，但可以摸清在特定情境下它们发出的某些声音所代表的意义，从而和它们进行"沟通"。

孔繁铭和桑米的感情日渐深厚。他们就像兄弟一样，孔繁铭真的成了同事们口中"猩猩的哥哥"。

更有意思的是，孔繁铭不但成了"猩猩的哥哥"，还成了很多人的知心大哥哥。大家都说他变了，变得更加善解人意。为什

么会这样呢？孔繁铭笑着说："我都能善解'猩'意了，当然也能善解人意啦！"

请答题

黑猩猩低头让饲养员抚摸头部，这表示什么意思？

A. 友好　B. 撒娇　C. 认饲养员当首领

嘉宾观点

安安：我选 C。一般老师会拍拍我们的肩，表示对我们的认可。黑猩猩可能是把饲养员当成"长辈"了，希望他们摸摸自己的头，认可自己。

小泽：我选 A。饲养员和黑猩猩朝夕相处，饲养员可以通过观察黑猩猩的行为了解它们，摸头是代表友好的意思。

张博士的科学小课堂

饲养员长期与黑猩猩接触，其中很重要的一项工作是负责供给食物。黑猩猩认为食物是从饲养员这里得到的，所以它对饲养员有一种臣服的心态。

小羊驼找亲戚

小羊驼

北京野生动物园里的小羊驼最近有点落寞,因为没有朋友陪它玩儿。一直这么无聊也不是办法,它决定找找自己的亲戚。

矮马看起来有点像小羊驼的亲戚。矮马个子不高,不然怎么叫矮马呢?小羊驼个子也不高,矮马会认小羊驼这个亲戚吗?

"矮马大哥!"小羊驼怯生生地叫道。"谁是你大哥?"矮马摇着头说,"咱们可不是亲戚!你看我的脚——我穿的是'一脚蹬',你穿的是'人字拖'。我是奇蹄目的,你是偶蹄目的。我们还没到拜把子的份儿上!"说完,矮马扬长而去。

小羊驼好难过,它想:"那我就找偶蹄目的亲戚去!"

小羊驼看到小羊穿着"人字拖":"小羊哥哥,你是我的亲戚吗?"小羊一边嚼着干草一边回答:"不,我们不是亲戚。你们走起路来天生顺拐,还能屈膝,跪坐在自己脚上休息,我们可没有这种本领。你们小羊驼跟我们不是亲戚。"

小羊驼有点沮丧:"我的亲戚到底在哪儿呢?"

这时,小羊驼的爷爷来了,它说:"孩子,别急,咱们的亲戚多着呢!我们小羊驼属于骆驼科,只要是骆驼科动物,都算咱的亲戚。要按亲缘远近排序的话,关系最近的还得是你的'大舅'——骆驼。"

小羊驼有点奇怪:"爷爷,我怎么没看出来?"

骆驼

"我们被划归到骆驼科,骆驼的一条腿上有两个脚趾,可以屈膝跪地,这些都是骆驼科动物的典型特征。即使是生气,我们小羊驼和骆驼的表现都很像呢!

"第二位是你的'二舅'——大羊驼。大羊驼的身高是小羊驼的两倍,它的腿又细又长,一对'香蕉耳'高耸头顶。要是'动物芭蕾舞学院'招收学员,形体优雅的大羊驼肯定能入选。

原驼

"第三位是你的'三舅'——原驼。它生活在高海拔草原或高原上,拥有长长的脖子和四条大长腿,背部、脖子及腿部外侧长着栗色的毛,腹部白色,看起来特别时尚。"

听完爷爷的介绍,小羊驼忽然变得开心起来:"原驼看起来真的蛮时尚的。我的亲戚居然这么多,我都不知道呢!"

现在,它再也不愁没朋友玩了!

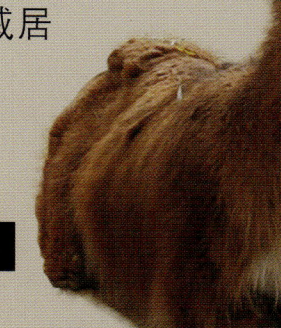
大羊驼

请答题

小羊驼和它的近亲在特别生气时会怎样？

A. 用脖子打架　B. 吐出胃内容物和胃液的混合物

C. 吐口水

嘉宾观点

小泽：我选 C。如果把胃液吐出来，食道会被烧坏；如果用脖子打架，它又没有长颈鹿脖子的特殊结构，脖子打折了怎么办？骆驼科动物都会从鼻腔、口腔里喷吐黏液，所以我认为吐口水的可能性最大。

小宇：我选 B。我觉得羊驼在非常生气的时候，会把胃里没有消化完的东西吐出来。

原来如此

资深科普达人杨毅：骆驼科动物在向对手发起攻击的时候，有这么几招：第一招，踢打；第二招，咬；第三招，吐口水。如果特别生气，它就会吐出胃内容物和胃液的混合物，喷射距离可以达到两米。

张博士的科学小课堂

大家容易把所有"驼"混为一谈，认为它们都是羊驼，但事实并非如此。我们节目中所说的大高个儿——大羊驼，是由原驼驯化而来；而节目中的主角——那只白色、个头矮小的小羊驼，是由骆马驯化而来。

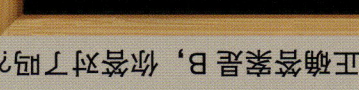

正确答案是 B，你选对了吗？

主持人：灰狼是体形很大的犬科动物，它们头脑聪明，族群等级制度严明。今天故事的主人公，就是南京红山动物园的灰狼狼王"歪头"。在它身上，有一段刻骨铭心的爱情故事。

"歪头"狼王的爱情

南京红山动物园的"歪头"是第三代狼王。最初，歪头的头并不歪，直到它爱上了前任狼王的女儿"啡啡"。

原来，前任狼王不同意歪头和自己女儿的婚事。在打斗过程中，前任狼王一口咬住歪头的面部。歪头毫不退缩，跳到前任狼王身上，制服了它，成为新一任狼王，但歪头也因为面部神经受损，从此只能歪着脑袋。不过，啡啡终于成了歪头的妻子，它们幸福地生活在一起！

最近，灰狼要搬家了。新家可是"精装豪宅"：带有地暖的狼洞，能让狼群温暖过冬；设置6层叠水瀑布，模拟了野外生存环境。饲养员在树干上挂上鲜肉，训练狼捕食，有效地保留和激发它们的野性……

　　动物园管理员让灰狼分批次搬入新家。被安排率先入住新家的是一些平常受同伴欺负的弱势狼，它们将在狼后的带领下提前一个月熟悉新家，管理员这样做就是为了让弱势狼日后有足够的栖息地资源。既然要当弱势狼的"领队"，狼王和狼后就只好暂时分居一段时间了。

　　但是，饲养员很快发现，狼后并没有带领狼群熟悉新家，而是时常蹲守在新家中靠近旧居的笼门附近，隔着笼子看着狼王。

　　整整一个月，不论刮风下雨，狼后啡啡每天都守在那里，深情地看着狼王。时光在啡啡的思念中飞快流逝，终于，狼王歪头要搬进新家了。

　　对于人类来说，狼王歪头或许是其貌不扬的；但对于狼来说，战斗留下的伤疤是一种荣耀。吸引狼后的正是狼王歪头的勇敢和坚毅。那么，它们久别重逢之后，会发生什么呢？

请答题

狼王和狼后久别重逢后会出现什么情景？

A. 耳鬓厮磨以示亲昵

B. 互不理睬

C. 狼王无视狼后，去探索新环境

嘉宾观点

小张：我选 A。狼跟狗差不多，见面以后互相闻闻、蹭蹭是很常见的现象。

小丽：我选 A。我觉得它们感情很好，久别重逢之后肯定会很亲昵。

原来如此

当新宅与旧宅之间的铁门被拉开后，狼后终于迎来了狼王。可是，大家想象中两只狼亲昵的画面并没有立刻出现。面对新环境，狼王探索的兴趣极大，发现未知的危险才是狼王的第一要务。经过几个小时的探索和巡视，狼王终于和狼后坐在了一起，沐浴起温暖的阳光。

张博士的科学小课堂

狼后对狼王确实抱有很高的期待，因为它已经身处新环境，更希望狼王到来。狼王则与狼后不同，面对新环境，它还需要探究一番。

正确答案是 C，你答对了吗？

主持人： 中华穿山甲、中华凤头燕鸥、中华秋沙鸭，这些动物的名字里都带有"中华"二字。今天，我们将去了解海洋里一种名字里带有"中华"二字的生物——中华白海豚。

"海洋精灵"中华白海豚

临碣石，观沧海，动物观察员路伦一来到了广西北部湾的三娘湾。今天，小路要跟随北部湾大学鲸豚研究团队的彭重威老师，前往大风江口区域观察中华白海豚。

据彭老师介绍，中华白海豚通常聚集在河口，生活在水深不超过 30 米的近海区域。此次探寻能拍摄到中华白海豚吗？小路充满了期待。

可惜，此次行程不如想象中那么顺利。海上风浪很大，船体不停地摇晃，时间已经过去 6 个小时，他们却没有发现中华白海豚的身影。就在大家失望地打算返航时，海面上突然出现了一个小点。

"看见没有？快把船头往右调！"

"看，它们整个跃出了水面，还激起一大片浪花！哇，太优美了！"终于发现中华白海豚了！船上的人们发出阵阵欢呼声。

船靠近后，小路终于看清了中华白海豚的样子：流线型的身体呈淡粉色，局部还有一些黑色斑点。这群可爱的"海洋精灵"一直是彭老师团队的研究对象。对中华白海豚来说，彭老师也算是它们"最熟悉的陌生人"了。在小路看来，中华白海豚长相相似、无法区分个体差异；而彭老师在做调查时，会通过观察背鳍来区分个体。

中华白海豚是一种近岸的水生哺乳动物，它的生活区域跟我们人类的活动区域高度重合。所以，彭老师团队提出并制订了"观豚守则"，比如放缓船速、靠近海豚之后停船等。

目前，栖息在广西北部湾的中华白海豚的种群数量在500只以上，其中有350~450只以大风江口和周边海域作为主要栖息地，定期出没。

中华白海豚是近岸生态系统的旗舰物种，它们数量的多寡直接反映出这片海域的生态系统是否健康。我们希望中华白海豚的种群数量能够不断增加，只有它们生生不息，我们人类才能年年有余。

请答题

以下哪种颜色的中华白海豚年纪最大?

A. 通体粉白色　B. 粉白色与灰色相间

C. 通体灰黑色

嘉宾观点

小张：我选A。很多动物确实有随着年纪增长而肤色加深的情况，但我认为中华白海豚恰恰相反。小时候的白海豚如果是粉白色，很容易被天敌发现，所以我想灰黑色可能是更适合小海豚的"保护色"。

小丽：我选C。我觉得通体粉白色的海豚是最年轻的，随着年纪增长，它身上的色素就变少了，肤色慢慢地变深直至成为灰黑色。

张博士的科学小课堂

身体呈粉红色，代表中华白海豚的性激素水平和新陈代谢水平高，也代表它健康、成熟。它成年以后会慢慢变白。

正确答案是A，你答对了吗？

主持人： 自古以来，星辰大海一直让人类充满向往。一起来看看，这一回，中国科学院海洋研究所的科研人员利用"发现号"深潜器发现了什么深海秘密吧！

千米深海下的超能力动物

浅海中孕育着五彩斑斓的生命，但超过1000米的深海区域寒冷又黑暗，充满超强的压力，那里还会存在生命吗？中国科学院海洋研究所的徐奎栋老师对海洋生物进行了多年研究，他和他的团队在深海中发现了一些具有超强能力的物种。

在中国科学院海洋生物标本馆，徐老师向我们展示了一件珊瑚标本。它已经有1200岁了，可能是国内珊瑚标本中最古老的一株。从整体上看，它像一米多宽的扇面，肆意伸展，错综复杂的"枝条"呈现出奇异的造型。

我们跟随徐老师和他的科研团队，坐船到达西太平洋海域，记录他们为期一个月的科考活动——通过"发现号"缆控水下机器人，寻找并观察深海动物。

"发现号"下潜到海底1100米的区域，科研人员则在船上进行控制作业。屏幕上出现了两只红色的深海虾。不同于近海虾长着短短的附肢，深海虾的附肢长且纤细，其行走姿态基本是"狗刨式"的。

附着在石头上的海葵也吸引了大家的注意。那是一只粉色海葵，它的身体分成两部分，

海葵

即触手和基盘。它附着在固定物上，安安静静地收集海流中的食物，或用触手捕食浮游动物，再送进口中。

浑身长满尖刺的刺蛛蟹是深海里一种特别不好惹的动物。它的刺是用来防御的，不论你从哪个角度去抓它，都会被它扎到。

机器人继续下潜，到达海底 1240 米的区域时，我们发现了一片五颜六色的珊瑚林。近海都是石珊瑚，

海蛞蝓是一种腹足纲软体动物

而深海多是软珊瑚，规模十分庞大。我们眼前的这片软珊瑚是八放珊瑚，根据大小判断，它们应该在这里生活了几百年。这种珊瑚有 8 只羽状触手，触手内部是中空的。因为深海的温度很低，所以珊瑚长得也很慢。

"看，海蛞蝓！"科研人员指着屏幕，有些兴奋地说。令人意想不到的是，在热带浅海海域常见的海蛞蝓，竟然也来西太平洋深海"漫步"了。此前，人类从未在深海中发现这一物种。这确实是一个新发现！

"小飞象"的出现让科研人员又一次激动不已。"小飞象"，学名烟灰蛸，是一种软体动物。它的一对耳朵很大，看上去真的很像一只小飞象。"小飞象"难得一见的身影，为我们研究西太平洋海域的生物多样性提供了重要依据。

深海动物大都处于比较脆弱的生态系统中，我们只有研究它们、了解它们，才能更好地保护它们。目前，全世界只有 5% 的深海区域被人类真正探索过，因此，我们只有不断地去探索和发现，才能更好地保护这片蓝色的海洋。

请答题

深海珊瑚主要出现在哪个地形区域？

A. 热液、冷泉区　B. 海沟　C. 海山

嘉宾观点

小宇：我选A。海里尤其是火山口旁边，会有多种多样的珊瑚。

小丽：我选B。热液、冷泉区附近的温度变化特别大，珊瑚在这样的环境下可能会融化。

原来如此

中国科学院海洋研究所徐奎栋老师：这些珊瑚主要出现在海山区。海山，也叫海底山，是由火山喷发形成的，有的有1000多米高。由于海山的"生产力"高，所以海绵、章鱼、贝类、鲸鱼、鲨鱼等动物都喜欢在海山附近活动。

正确答案是C，你答对了吗？

主持人： 深入我国五大国家公园，探索生物多样性保护中的中国智慧。今天我们探访的是东北虎豹国家公园。百兽之王是谁？老虎！没错，让我们去东北虎豹国家公园里看个痛快吧！

百兽之王"直播"啦

在黑龙江省和吉林省的交界处，峡谷和丘陵交错分布，面积约1.41万平方千米。这片中国最东端的温带针阔叶混交林从勤耕善猎的人类手中让渡，正在恢复着原有的自然气息。这里有我国境内规模最大的野生东北虎豹种群，东北虎种群数量为50多只，东北豹种群数量为60多只。这里的有蹄类动物种群结构稳定，食物链完整，是野生东北虎豹理想的家园。

这不，今天，我们的动物观察员张舒越收到一条消息：东北虎开直播了！

什么，东北虎还能开直播？张舒越打开视频，嘿，主播还真是一只东北虎。它头上的"王"字在阳光下格外显眼。

东北虎： 嘿，大家好啊，欢迎"老铁"们来到我东北虎的直播间。在我国，尤其是东北地区，人们常常亲切地称我为东北虎，而国际上称我为西伯利亚虎。我是全世界体形最大的猫科动物，我戴上"百兽之王"这顶王冠，你们应该不会反对吧？这两年咱们东北虎豹国家公园真是越整越好了，那些旅居俄罗斯的"老华侨"都纷纷回到咱东北。让我跟邻居们连个麦，证明一下咱生活的环境有多美——嘿，小斑羚，来，跟大家打个招呼。

小斑羚（害怕地）： 别，别，我可不敢招惹你。

东北虎： 真胆小。算了算了，我换一个邻居连麦——狗獾兄，

远红外线相机镜头下的东北虎

出来唠嗑呀。

狗獾：哎呀，被老虎发现了，赶紧跑吧！

东北虎：不好意思，不小心暴露了我的人缘。也罢，待我请出东北豹兄弟，吆喝两嗓子。

东北豹：我说老虎大哥，你这么高调开直播，怕是把其他动物都吓跑了吧？我来为你助把力吧。大家点个小红星，多多支持咱们东北虎豹国家公园呀！

其实，刚才的视频是东北虎豹国家公园里的监控摄像头记录下的画面。这些东北虎豹太可爱了，张舒越准备好相机和手账，来到东北虎豹国家公园寻找东北虎豹的足迹。

在茫茫森林里，仅凭动物观察员自己的力量找寻东北虎豹的踪迹，难度是很大的。我们请来了一位专家——珲春林业局巡护队的李队长。李队长和他的同事常常团队作战，在森林里展开地毯式巡山、清猎套的行动。我们有些好奇，要是巡护员在山里遇到老虎，他们应该怎么保护自己呢？李队长给我们展示了他的"秘密武器"——手持火焰信号弹。我们问李队长："用它是告诉别人你所在的位置有危险，等待别人来救援吗？"李队长说："一般野生动物都是害怕明烟、明火的，信号弹可以燃烧大约一分钟，动物看到它的威力后会立刻逃开,这样就保证了人的安全。"

巡护员的日常工作是进行专区作业,也就是说,他们要按照网格划定的范围,在特定的区域,展开地毯式排查。

李队长拿出一部手机,上面有卫星定位显示,他所负责的这片方形区域为2平方千米。队员们一字排开,每人间隔6～8米,从一条边线走到另一条边线;按照规定的线路走,就不会跑偏,也不会出现漏查或重复查看的情况。全部查验完这片区域需要2天时间,他们每天至少要走4小时、8千米,才能将盗猎者安置的钢丝猎套查出来。巡护队以力所能及的最快速度,为森林里的动物清除夺命陷阱。

我们正在向李队长了解他们的工作情况,突然听到不远处一位队员喊:"发现一个套子!"我们赶紧过去查看。只见一棵碗口粗的大杨树上,一根直径达五六毫米的钢丝绳把树皮勒出了深深的痕迹,旁边甚至长出了树瘤。钢丝绳的一端是一个圆形的套子,张舒越假装自己是某种动物,她钻进套子里,腰部很快就被缩紧的钢丝套缠住了。如果左右晃动,钢丝套会越勒越紧,要是下套子的人在钢丝上加装倒刺,动物所受的皮肉之苦将更重。

队员们找到套子的绑扎处,使劲扯下钢丝套。李队长告诉我们,

李队长正在清理发现的猎套

　　过去，他们一个冬天就能清理出上千个猎套。这边队员们在清套子，那边不法分子又在下套子；现在，国家不仅制定了相关政策，对野生动物进行保护，严惩盗猎行为，还加大了动物保护的宣传力度。虽然还会有人偷偷下套，但较之以前的情况已大大好转。现在，李队长他们一年清理的猎套总数为两三百个，有很多还是"陈年老套"。

　　东北虎是检测生态环境质量的指标性物种，保证东北虎的生存环境质量和猎物的数量显得至关重要。巡山清套不仅保护了有蹄类动物的种群规模，也保护了完整的食物链，使生态系统得以良性运转。

　　过去，人类依靠捕猎为生，但随着时代的发展，人类意识到无节制的索取会破坏大自然的发展规律，也会对人类社会的生存和发展构成威胁。我们希望国家公园里的猎套能实现清零，为野生动物提供更加安全、舒适的生存环境。

请答题

一只成年东北虎一年需要吃掉多少只有蹄类动物？

A. 20~30 只　　B. 50~70 只　　C. 90~100 只

嘉宾观点

小张：我选C。我觉得老虎需要有足够的营养来支撑日常活动和生长发育，肯定要多吃点。

安安：我选C。我觉得老虎在夏天吃得多一些，冬天吃得少一些。

小丽：我选B。我觉得东北虎夏天跟冬天进食的频率应该不一样。夏天植被茂盛、食物多样，差不多3天吃1只；冬天食物短缺，差不多10天吃1只——按照平均约7天吃1只推算，一年就是50~70只。

中国植物学会科学传播工作委员会成员、植物学博士史军：东北虎豹国家公园是典型的针阔叶混交林地带，属于中高纬度区域，年平均气温只有5℃，极端天气条件下可以达到－44.1℃，降水分布在5~9月。刚才在节目中，我们看到树干上有树瘤。其实这是由于树干中的维管束（好比人体内的血管）、韧皮部、木质部等敏感部位受到钢丝等硬物的刺激而形成的"愈伤组织"，这对植物的生长是不利的。

张博士的科学小课堂

老虎是机会主义捕食者，它碰到什么就会抓什么。既然是机会主义，那么就意味着很难保证它每次都抓得到猎物。平均算下来四五天（甚至是一周）才能成功抓获一只猎物，不过只要抓到了，也就管饱了。

我们常说，纬度越高，生物多样性就越低。老虎的存在正好说明生态系统是完整的。生态系统就像是金字塔结构，老虎位于顶层，底层一定会有丰富的植被。初级生产者供给了初级消费者，即食草类动物；食草类动物经过次级消费者等中间环节，最终供给顶级消费者。

正确答案是B，你答对了吗？

主持人： 各位，刚才我们想跟着动物观察员去寻找东北虎，可她领着我们跟巡护队员巡山去了，你们见着老虎的影子了吗？哈哈，别着急，这次我们虎山不见虎，再向虎山行——一起出发！

再向虎山行

痕迹是王者留给人们的惊喜。

为了寻找虎的踪迹，我们跟随长期研究虎豹的东北虎豹国家公园的一线科研人员孔维尧博士，再次向森林进发，寻找王者的秘密。

走在平坦的乡间小路上，张舒越十分好奇："孔博士，前几天我们是在泥泞、难走的森林里寻找虎的踪迹，今天您怎么带我们到这么空旷、好走的地方来找老虎呀？"

"动物和我们人是一样的，它会选择最省力的途径。老虎和豹的天敌很少，胆子自然也大，因此在平坦道路上的行动频率比其他动物要高多啦！"孔博士笑着回答。

走了没多久，孔博士便蹲下身，在路边的泥地里认真查看起来。突然，他招呼道："快来看，这里有足印！"我们立即走了过去。只见下过雨后的泥地里，有一个十几厘米长的梅花状的足印，四个爪尖印痕明显。

"我们可以通过脚印的大小来判断老虎的性别和年龄。"孔博士掏出卷尺，"咱们来测量一下掌垫的宽度——8.5厘米。夏季，老虎在泥地里行走，掌垫不一定能完全陷入泥中，实际掌宽应该是9厘米左右。这种情况下有两种可能性：一种是成年雌虎，另一种是亚成体公虎。"

泥地里的梅花状足印

"那遇到这样的情况，我们还需要进一步找线索才能确认吗？"张舒越问。

"嗯，我们还要看另外一个辨别条件。也就是说，假定这是亚成体公虎，一般这个阶段的公虎是跟随母虎一起生活的，如果周围没有发现母虎的脚印，那么我们可以初步推断这是一只成年雌虎的脚印。

"判断东北虎个体，我们通常是观察它体侧的花纹。这些花纹就如同人类的指纹，每个个体都是不一样的。通过花纹判断老虎，比通过足印来判断更加准确。"

孔博士指着路上一段长而深的弧线印痕问张舒越："你知道这种痕迹意味着什么吗？"

"看起来像轮胎陷入泥地后打滑的痕迹，是吗？"

"其实这是东北虎标记领地的一种方式——在它经过的地方留下刨痕和蹬痕，里面还有它的排泄物，我们来看看它的排泄物里有什么秘密。"孔博士说着，用石块碾碎了虎大王的排泄物，"更像是鹿科动物的毛，它上一顿吃的可能是鹿。"

一撮毛、一坨粪，看似寻常的东西，恰恰为科研人员打开了了解东北虎的大门。通过对粪便的研究，发现其中的骨骼、毛发，科研人员可以更加准确地分析东北虎的食性。虽然东北虎的食物种类相当广泛，但它也有一定的偏好。例如，俄罗斯境内的东北虎和中国境内的，食物偏好可能会不一样。可以说，通过一坨虎粪便可一窥虎的世界，了解老虎食物链结构的动态平衡情况，是不是很神奇呀？

请答题

东北虎和东北豹最爱吃的食物分别是什么？

A. 东北虎最爱吃野猪，东北豹最爱吃鹿

B. 东北虎最爱吃狍子，东北豹最爱吃野猪

C. 东北虎最爱吃鹿，东北豹最爱吃狍子

嘉宾观点

小张：我选C。我觉得东北豹一般会抓狍子这种体形小一些的动物，野猪等凶悍的动物对它来说比较难征服。

小宇：我选B。狍子的好奇心重，如果同类被抓住了，它可能都会待在那里看着，比较容易被捕捉。东北豹喜欢躲在树上，它需要补充更多的体力，抓野猪才能满足它的需求。

张博士的科学小课堂

从对粪便的分析可以看出，野猪是东北虎最主要的食物——体形大的对付得了体形大的。东北豹的体形几乎是老虎的一半，因此抓野猪的能力会弱一些，它更喜欢吃鹿。在东北虎豹国家公园，这两个顶级捕食者可谓相安无事，各自有各自的食物偏好。

正确答案是A，你答对了吗？

主持人： 要想追踪虎迹，必须要用高科技设备——藏在森林里的远红外线相机就是人们的好帮手。

东北虎豹国家公园里的高科技

在广袤的森林里，一双双隐藏的"眼睛"正在偷偷观察着森林里的"房客"。为了了解森林里的高科技，我们再次跟着巡护队进山，想找到远红外线相机，一探究竟。

我们跟随李队长，前往山上的一处远红外线相机拍摄点。队长掏出卫星定位追踪器，根据指引向前行进，很快就看到了绑在树上的远红外线相机。为了维护设备，让视线更开阔，李队长他们会定期修剪相机前方的植物。李队长告诉我们，远红外线相机不会一直工作，只在有动物或者风吹引起相机周围热量变化的时候才拍摄。我们发现相机旁有一根天线，这根天线连接太阳能板，

5G 基站

用于监控东北虎豹活动情况的远红外线相机

这样就解决了相机的用电问题。因为相机多采用广角镜头,所以被绑扎在高度约50厘米的树上,可以覆盖周边的各个角落。

队员们经过调试,又人工模仿虎豹经过时的姿势,确认了相机的角度、高度刚好合适。这边动物观察员刚模仿完动物的行走路线,那边李队长的手机上已经可以看到刚才的画面了。原来,这是一部终端机,设立在野外的基站发出信号,我们就可以实时查看情况了。远红外线相机画面的实时回传,不仅让东北虎豹的野外生存状况得以全面跟踪,还让水、土、气等自然资源的数据能在第一时间得到监测。天、地、空一体化自然资源监测网络的全覆盖,离不开这个拔地而起的大家伙——基站。

我们站在高高的基站站塔上极目远眺,有一种与飞鸟为伴、腾云驾雾的感觉。这些基站有很多是利用过去的防火瞭望塔改建而成的。基站的优势是覆盖面广、损耗低、传输效率高……700兆赫大型基站的搭建,可以保障生态工作者更加便捷、高效地作业。用一句开玩笑似的话来说,过去"交通基本靠走,通信基本靠吼",而现在,人们可以实时通信。5G技术、人工智能、云存储都被用在了保护野生动物上。动物观察员羡慕地表示:"嘿,我还没用上5G设备呢!"

现在,有越来越多的东北虎从俄罗斯"溜达"到珲春东北虎豹国家公园,选择在这里定居。我们可以骄傲地向世人宣告——东北虎豹国家公园"众山皆有虎"。人们还要在这里建设东北虎豹的生态廊道,让虎豹能够在属于它们的王国中自由生长。

请判断

通过分析远红外线相机监测数据,人们发现东北虎豹在夜间都较为活跃。

A. 真的   B. 假的

嘉宾观点

小泽: 我认为是真的。虎豹属于机会主义捕食者,以从背后偷袭为主要捕猎方式,因此在夜晚捕猎会更容易得手。

安安: 我认为是假的。白天光线好,它们抓猎物会更得心应手。

小玉: 我认为是真的。东北虎豹同属猫科动物。我养过猫,它在晚上是很兴奋的。

张博士的科学小课堂

研究发现,东北虎是典型的夜行动物。由于东北虎太强大了,东北豹会躲着东北虎,避开东北虎的捕食时段。东北豹通常在早上和傍晚捕猎;东北虎在晚上捕猎的频率更高。

正确答案是B,你答对了吗?

主持人：以前我只注意过我家猫毛上的花纹，直到有一天，我给它剃了一次毛，才发现它的皮上也有花纹。据说，老虎和猫一样——老虎黑色皮肤上的条纹十分明显。作为百兽之王，让我们印象深刻的是它额头上的"王"字。那么，所有老虎的额头上都有"王"字吗？

老虎的遗传密码

说到动物界的百兽之王，你们一定会想到老虎。它不仅在动物界位居食物链顶层，也是威武和勇猛的象征。"毛皮一带黄金色，爪露银钩十八只。"《水浒传》里对于老虎的描写，让我们领略了虎的王者风范。那么，每只老虎的额头上都有"王"字吗？为了探究这个问题，我们的动物观察员路伦一来到了西宁野生动物园，这里生活着一群东北虎。东北虎主要分布于中国东北和俄罗斯远东地区，成年东北虎身长体重、强悍凶猛、动作敏捷。

小路随着动物饲养员来到了老虎饲养区。"在进入饲养区之前，我们需要为鞋底消消毒。"饲养员说。

"要是在野外，我们早就进入老虎的领地了吧？"小路好奇地问。

"是呀。在野外，我们的生命已经掌握在它们的手里了！"饲养员点点头回答。

就在小路紧张得手心开始冒汗的时候，从虎舍里走出3只小老虎。它们大概4个月大，已经断奶并转为人工饲养。虽说成年老虎十分凶猛，但是这些小老虎似乎跟家养的小猫没有什么区别。小路和饲养员蹲在一旁聊天，几只小老虎晒着太阳、开心玩闹，看上去完全没有凶猛之势。正说话间，一只小老虎突然伸出虎爪，抓挠饲养员。饲养员立刻起身，居高临下地紧盯小老虎；小老虎

小路"采访"过的3只小老虎

则俯下身呈防守姿势，对饲养员发出阵阵低吼声。

"别看这几只小虎只有4个月大，可虎嘴一张，很有威慑力。"小路事后感慨道。

"是啊。再过一个月，我们若还像这样近距离接触它们，就会十分危险。"饲养员说。

百兽之王小时候就已经有王者风范了。小路悄悄在本子上画下3只小老虎额头上的"王"字花纹，发现它们笔画的走势都不太一样。饲养员告诉小路，旁边虎舍里还有一只6个月大的东北虎。它的花纹会和3只小虎的有区别吗？小路来到虎舍外仔细观察，发现这只老虎额头上的花纹类似"北"字。

"等它长大了，我们得叫它百兽之'北'啦！"小路一边做着笔记，一边问，"刚才的3只小虎出自同一窝，它们的额头上都有'王'字；而6个月大的小公虎却是'北'字头上扛，这难道是和遗传有关吗？"

请判断

老虎额头上的花纹是从虎爸爸那里遗传而来的。

A. 真的　B. 假的

嘉宾观点

小玉：我认为是假的。每一只老虎额头上的"王"字都会有一些差异，虽然它们小时候有"王"字，但是长大后皮肤扩张，"王"字慢慢消失或者变成"北"字，这都很正常。还有一种可能是，老虎小时候像爸爸，长大了像妈妈，就像我们人类一样，长相会随着年纪增长而发生变化。

小浩：我认为是真的。"王"字的遗传应该和父辈有关，我们可以从花纹中多多少少找到一些虎爸爸的影子。

小张：我认为是真的。我觉得作为人类，我们的性别受父亲的影响比较大。联想到公虎，遗传特征受父亲的影响也会更大一些。

原来如此

北京大学生命科学学院罗述金教授：刚才大家看到，每一只虎的花纹都不一样，那么这是从爸爸还是妈妈那里遗传来的呢？我们得看决定花纹的基因是不是存在——染色体跟爸爸妈妈都有关，所以这道题的正确答案应该是：不是只从爸爸那里遗传来的。

张劲硕博士：每只老虎身上的花纹是它所特有的，像它的身份证一样。这个"特有"就相当于我们人类的指纹，每个个体都有差异。人类遗传基因一半来自父亲，一半来自母亲，重新组合以后，就会发生一些变化。对于老虎来讲，它跟人一样，只不过我们乍一看，觉得每只老虎都长得差不多——橘棕色的毛上有黑色花纹，但实际上每个个体都是不一样的。

北京大学生命科学学院罗述金教授：很多人觉得，老虎的长相很"高调"。那它行走在山林里，能抓到猎物吗？其实，动物眼中的世界和我们人类眼中的世界完全不同。研究表明，大多数哺乳动物（尤其猫科动物）对颜色的感知力和人类是不一样的，它们没有对红色的感知力，只有对绿色和蓝色较弱的感知力。我们通常还会想到一种毛色变异的虎——白虎。白虎毛色的底色是白色，上面有黑色的条纹；眼睛是蓝色。白虎是孟加拉虎的一种变种，目前世界上现存的白虎多为人工饲养。如果我们没有对红色的感知力，就会发现白虎和普通虎的差别并没有那么大。

正确答案是 B，你答对了吗？

主持人： 动物和咱们人一样，有很多奇特的癖好。我是一名铲屎官，我们家小猫叫咪宝，它特别喜欢玩栗子。只要我剥开栗子皮，它就会像踢足球一样玩栗子。其实啊，网友们总结出许多自家小猫咪的癖好。你看，排在"癖好榜"第三名的喜欢烫头；排在第二名的喜欢把一切放在桌子边缘的东西碰掉；排在第一名的喜欢躲在狭小、密闭的盒子里。这些小猫的癖好真是让我们忍俊不禁，那么大型猫科动物有哪些癖好，你知道吗？

猫虎技能大比拼

听说无论是可爱的小猫还是凶猛的"大猫"，都有着共同的祖先。今天我们就来看看，那些"大猫"是否有和小猫一样的怪癖。

第一轮比拼 钻纸箱

要说猫咪的奇特癖好，我们可能最先想到的就是小猫喜欢钻到狭小的空间里。可能很多铲屎官都有相同的感受，你想给它全世界，但人家需要的就是一个小纸箱而已。动物观察员路伦一很好奇，为什么猫对钻纸箱如此痴迷呢？那些"大猫"会不会也爱钻纸箱呢？小路决定去动物园做个实验！

头顶大纸箱，一步一趔趄。把纸箱搬往实验场地的路上，小路发现脚下到处都是老虎的梅花脚印，就连他身边的大树上，也有虎抓挠树干的痕迹。这些信息提醒着小路，进虎舍可要低调啊,"大王"们已经嗅到有陌生人闯入领地了!

我们为老虎量身定制了两种"套餐"——一大一小两个牛皮纸箱,老虎看到之后会有什么样的反应呢?会像小猫一样钻进去求安稳吗?

小路布置好现场便立刻撤离了。过了一会儿,虎舍的铁笼子打开了,两只成年虎踱步来到纸箱旁。它俩行走的样子优雅又稳健,一副大王派头。

两只虎先对着箱子嗅了又嗅。一只好奇心很强的虎刚将爪子伸进纸箱,不料身后的老虎突然碰到了它的身体,它忽地跳了出来。那只在它身后的老虎见同伴跑了,自己则气定神闲地跨入箱子内,优哉游哉地站在箱子里玩耍起来。看来,说老虎和小猫一样爱钻纸箱,绝对没毛病!

测试结束,小路觉得只检验虎并不能代表所有猫科动物都爱钻纸箱,狮子会不会也是同款"宝宝"呢?咱们必须再试一下!

这家动物园的公狮子拥有长长的、浓密的鬣毛,看起来十分威严。气场全开的大狮子也会和小猫咪一样,做出萌萌的动作吗?小路将纸箱摆好后,狮子便被放了出来。原以为前脚踏入纸箱里的狮子会躲进纸箱里,却没料到它一张口,竟然咬起纸箱来。原来并不是所有猫科动物都喜欢钻纸箱。那么,面对比纸箱还要狭小的空间,它们又会做何反应呢?

第二轮比拼　钻缝隙

都说猫是水做的——阳关大道不爱走,偏爱钻那些门缝、沙发缝。小路为一只猫咪设置了直径只有12厘米的圆洞，猫咪轻松穿过。我们很想知道，面对狭窄的圆洞，狮子喜欢钻吗？它会钻过去吗？

接下来闪亮登场的就是我们的"草原之王"——小非洲狮。小路专为这只小非洲狮设置了一个直径只有14厘米的圆洞。

只见小非洲狮从圆洞里先探出脑袋，又快速迈出前肢，接着是细细的腰，最后是后肢——它也顺利通过啦，连穿过圆洞的姿势都与小猫如出一辙！

无论我们是用圆洞还是用缝隙试验，"大猫"和小猫都乐于穿越。见识过"大猫"和小猫的身手，接下来，我们想在气味方面对它们进行一番测试，看看"大猫"与小猫是否有相同的偏好。

第三轮比拼　闻猫薄荷

据说猫喜欢闻猫薄荷的气味。当困倦、躁动时，它们只要闻一闻猫薄荷的味道，便立刻神清气爽。那么，同为猫科动物的老虎和豹子，它们也喜欢这种气味吗？

虎舍、豹舍里，

小路为"大猫"精心准备了一桶鲜嫩的猫薄荷。看画面你就能猜到啦,即便是威猛的"大猫"也难以抗拒猫薄荷的魔力!

经过三轮比拼,我们终于可以总结"大猫"和小猫的习性和特点啦!在行动和气味上,"大猫"和小猫的癖好并不完全相同;但作为同宗同源的兄弟,还是有很多相似之处。

"大猫"、小猫癖好相似度对比

钻纸箱	★★★
钻缝隙	★★★★
闻猫薄荷	★★★★

说到气味,小猫还有一个癖好——掩埋粪便。那么我们的问题来了——

请判断

老虎在野外排便后,为了不被猎物发现踪迹,会把自己的粪便埋掉。

A. 真的　B. 假的

嘉宾观点

小玉:我认为是真的。老虎需要捕猎,它肯定希望自己的行踪不被猎物发现。因此老虎除了要隐藏身体,还要隐藏气味。

小丽：我认为是真的。这样老虎捕猎时能让猎物措手不及。

小张：我认为是假的。老虎是位居食物链顶端的王者。它没有天敌，可以无忧无虑地在森林里行走，捕食其他动物。

张博士的科学小课堂

大家在思考问题时都有自己独特的见解，但是从实际观察结果看，人们确实没有发现老虎会刻意地埋粪便。有时候你能看到老虎在那儿蹭地，而我们知道，虎的活动半径非常大，一点点粪便真的不足以让它暴露，所以它在野外是不处理粪便的。对于老虎来说，捕猎和给粪便覆土没有必然的联系。

北京大学生命科学学院罗述金教授：其实不光是大型猫科动物，除了家猫，小型猫科动物大多数也没有排便覆土的行为。猫科动物排便，尤其是利用尿液标记领地，以此作为它们同类之间的一种沟通方式。有一个小花絮我想分享给大家：世界上很多对野生虎的研究，是通过非损伤性取样方法，其中虎粪采样法是一种重要且常用的手段。通俗点说，就是捡屎。既然在野外可以捡到这么多虎粪便，就说明老虎不会刻意掩埋粪便。

正确答案是 B，你答对了吗？

主持人：人们都说，猫是老虎的师傅。猫要是没有一点独门绝活，老虎怎么会拜它为师呢？你想知道，小猫咪到底有哪些独门绝活吗？让我们一起去看看吧！

小猫咪的十八般武艺

要说这猫有什么独门绝技，享有盛名的当然是它们稳健的步伐。那么你知道，猫咪遇到狭窄的独木桥，是如何应对的吗？为了解开这个秘密，我们新一轮的实验开始啦！

这次我们为猫咪准备的是宽度分别为 20 厘米、5 厘米和 3 厘米的条形木板。当猫咪通过桥面时，它们及时调整了步伐。当穿越最宽的那段木板桥时，它们会确保有 3 只脚接触桥面，形成一个三角形，保持稳定；当木板的宽度小于猫咪的爪子大小时，它们又会转换成交叉的一字步，快速通过桥面。这切换自如的猫步实在是让人类惊叹啊！

当然，猫咪的绝世武功还不止于此。人们曾做过这样一种测试：将 100 多块多米诺骨牌排成一个等距列的障碍方阵，让猫咪穿过。遇到如此复杂的障碍，小猫咪究竟能不能穿梭自如呢？

这次，我们的测试对象是一只小橘猫，只见它眼观六路、耳听八方，找准时机、精准避让，为我们留下了一骑绝尘的潇洒背影——它成功了！

除了上述两项独门绝技，我们还要说一说猫咪的第三项绝技——平安着陆！我们通过观察发现，不论猫咪以什么样的姿态从半空中坠落，它们都会稳稳地落地，哪怕是四脚朝天坠落。原来，猫在坠落时，前后肢动作会有差异。它的躯干在坠落过程中会进行一定程度的弯折，前后肢分别朝相反的方向旋转。同时，坠落时上半身先收腿，当快要转过来对着地面时，再伸直前腿，旋下半身、收后腿。从拍摄的分解动作中我们不难发现，猫咪的身体平衡能力超强，它们能够在瞬间完成一个优雅的空中180度翻转体操动作，真是太了不起啦！

好了好了，都顺利通过独木桥、障碍骨牌、空中坠落测试了，也该让它们歇一歇，喝口水啦！不过说到喝水，我们又忍不住要秀一秀猫咪特殊的喝水方式——猫咪喝水的时候，从来不会弄湿自己的胡子，甚至可以做到"滴水不漏"。你知道它们是怎么做到的吗？

我们在超高速摄影机下观察到，猫咪伸出舌头后，会将舌头向后弯曲，以非常快的速度和最便捷的方式伸入水面，带起一道

水柱。随后,它会以极快的速度将水柱吸进嘴里。整个过程一气呵成,滴水不漏。果然,小猫咪样样精通,它的绝世武功实在太强了。传说就连老虎也要拜猫咪为师,学习技艺呢!什么?老虎拜猫为师?这又是怎么回事呢?

原来有这样一个故事:从前,猫是老虎的老师,猫把大部分本领都教给了老虎,唯独上树这一招没教给它。因为老虎身形庞大,真要学会了爬树,反过来对付老师,猫将毫无还手之力!常言道:"教会了徒弟,饿死了师傅。"接下来,我们的问题来啦!

请判断

老虎不会上树。

A. 真的　B. 假的

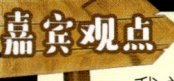

嘉宾观点

小泽:我认为是假的。我觉得从老虎的身体结构上来说,虎爪的力量和跳跃能力都很强大,这让老虎具备上树的条件。但我很少看到老虎上树的画面,倒是经常看到豹子上树。这可能跟它们在食物链所处的位置有关系。

小张:我认为是真的。老虎的体重大,树木可能承受不了它的重量。

小玉:我认为是假的。猫科动物大部分都会爬树,所以老虎应该会爬树。

张博士的科学小课堂

真正善于爬树的像云豹,甚至会"倒挂金钟",为什么呢?在倒挂时,云豹会利用它们尖锐的爪子扎入树干之中,同时利用脚踝的灵活性将脚掌横过来,确保稳定和安全。老虎呢,你真让它爬参天大树,它肯定上不去;而一些矮树,它也是可以噌地一下跳上去的。我们有时还会看到孟加拉虎上树捕食长尾叶猴的场景。所以,老虎肯定可以上树。

北京大学生命科学学院罗述金教授:除了爬树,游泳也是猫和虎有显著差异的地方。我们知道家猫都不喜欢接触水,除非主人对它进行一番训练;老虎却不惧怕水,甚至乐于泡在池塘里享受清凉。家猫不爱冲水的原因是,它们不愿意把自己好不容易涂抹在身上的那种气味冲洗掉。当然,喜不喜欢和能不能够是两码事——从生理结构上说,家猫游泳是完全没有问题的。家猫不喜欢水,可以追溯到它的祖先——非洲野猫,它们生活在非常干旱的地区。久而久之,它们就没有了亲水性,并一直延续到现在。

主持人：猫科动物中不仅有狮、虎、豹和可爱的小猫咪，还有一种不太常见的猫，叫荒漠猫。它是国家一级保护野生动物，人们首次拍到它是在 2007 年，第二次拍到它已经是 2018 年。这么长时间，它到底去哪儿了呢？让我们一起来看一看今天的主角——荒漠猫！

猫科动物的蓝眼之谜

2018 年 10 月，各大新闻媒体纷纷报道一则消息：科研人员在位于青海三江源地区的通天河沿岸发现了稀有猫科动物——荒漠猫！

荒漠猫是国家一级保护野生动物。2007 年，科研人员在青藏高原东缘拍下了全世界首张野外荒漠猫的照片，但在之后 11 年的时间里，人们极少听到有关它的消息。2018 年，荒漠猫才再次现身。消息一出，众多爱猫人士火速点击视频观看，网友纷纷留言："肥嘟嘟的，真可爱啊！""我想变成远红外线相机！""好喜欢它耳朵尖上的两撮毛！""哇，好厉害的喵喵。"

荒漠猫虽然样子呆萌，却被称为"世界上最凶的猫"。它身材虽小，却战斗力超凡——拳打藏狐，脚踢鼠兔，敢吃毒蛇，而且它还是中国本土特有的猫科动物。它的数量不足 10000 只，所以终究是我们难见一面的猫。那么，如此神秘的荒漠猫，到底是谁拍摄到的呢？

2018 年 9 月中旬，山水自然保护中心的工作人员韩雪松和他的同事，在三江源玉树称多县嘉塘草原做野生动物调查的时候偶然间发现了荒漠猫的踪迹。他抓住这仅有的线索，深入草原探寻近 30 次，终于发现了荒漠猫的家。

韩雪松带我们来到第一个洞穴。这里刚刚下过一场大雪，面上有两个洞,洞旁设立了一台远红外线相机,正是这台相机帮我们拍摄到了许多荒漠猫精彩的野外活动视频和照片。从视频中我们看到,猫妈妈和两只幼崽大约在每天上午11点出来活动。猫妈妈主要负责看护,时刻对周围的情况保持警惕,偶尔也会去抓上一只鼠兔或小鸟给猫宝宝吃。

我们又来到韩雪松他们发现的第二个洞穴。通过视频我们发现,小猫明显已经长大了,身上长出了长毛,越来越像大猫。

2019年1月中旬,韩雪松又发现了荒漠猫的第三个洞穴,它位于一座山坡上。我们在距离洞穴大约550米时便停止靠近,

荒漠猫

默默地观察那里的情况。

2019年春天，韩雪松又来到了这里。这次，他碰到的是猫宝宝。它已经独立生活，长成一只英俊的小公猫了。韩雪松发现它在每天上午11点到下午3点之间去山坡上捕食鼠兔、晒太阳。又过了一阵子，它找了一个"女朋友"。眼瞅着它成长为强壮的成年雄性荒漠猫，韩雪松十分高兴。

荒漠猫在三江源这片神奇的土地上繁衍生息，演奏着优美的生命乐章。

请判断

荒漠猫是唯一拥有蓝色眼睛的野生猫科动物。

A. 真的　B. 假的

嘉宾观点

小玉：我认为是真的。我只知道家猫有蓝色眼睛，但它是家养的，所以我觉得荒漠猫是唯一拥有蓝色眼睛的野生猫科动物。

小张：我认为是假的。生活在高原的雪豹的眼睛就是蓝色的，荒漠猫不见得是唯一拥有蓝色眼睛的野生猫科动物。

小丽：我认为是假的。因为之前罗老师说过，白虎就拥有蓝色眼睛，而且它也是野生猫科动物。

北京大学生命科学学院罗述金教授：刚才大家说到白虎，认为白虎是一个独立的物种，但其实它是野生孟加拉虎发生毛色变异的物种。所以，我们不能说它是"一种"猫科动物。

张劲硕博士：据科学家统计，在全球大约 40 种猫科动物当中，只有荒漠猫这一种，其个体普遍都是蓝色眼球。在刚才的节目中我们还提到了荒漠猫的生活地——三江源。三江源国家公园是我国第一个国家公园。它在维护整个国家的生态系统方面发挥了极其重要的作用，所以保护三江源具有全球意义。随着青藏高原的抬升，原本生活在陆地上的动物进化成高原动物，如荒漠猫、藏羚、藏野驴、野牦牛等，包括鼠兔也是青藏高原非常关键的物种。过去我们对青藏高原的认识有限，这些年随着三江源国家公园的建设，野生动物的种群数量越来越多。中国科学院还专门成立了青藏高原研究所，正是因为这个地区太特殊、太重要了，所以我们只有通过科研工作积累数据，得到科学的结论，才能保护好它。

主持人：在动物世界中，有一个庞大的家族，我们的身边充满了它们的身影。它们在这个地球上生活 4 亿多年了，比我们人类久得多——它们就是昆虫。今天，我将带你一起去探索小昆虫的大世界。

虫虫行为艺术展

你知道吗？虫虫行为艺术展开展了！首先映入观众眼帘的作品，是一片大叶子——满是洞洞的大叶子，不不不，这可不是你家养的龟背竹，这是昆虫界的"波点艺术家"锚阿波萤叶甲的大作！锚阿波萤叶甲画一个圆需要三个步骤：第一步，在叶片表面画出一道浅痕；第二步，切割叶表皮外的角质层，再将圆圈上的叶脉切断；第三步，在画好的圆圈中大快朵颐——吃掉叶肉，完成画圆。每一个圆都承载着锚阿波萤叶甲的智慧和辛劳。

都说站得高才能望得远，七星瓢虫则是站得高才能飞得动。它在平地上无法起飞，只有爬到叶子的最高处才能起飞。无论在

锚阿波萤叶甲（供图／视觉中国）

枝叶上、小草上，还是在我们搭建的木条上，它都会先爬上顶端，再展翅低飞。哎，不是长了一双美丽的翅膀吗？你不能直接飞上去吗？干吗非要费老大的劲儿爬呢？

其实，瓢虫不会直接起飞，是因为它太重啦。它轻盈小巧的翅膀没法承受"半个球"的重量，它需要从高处滑翔，将势能转化为动能，获得起飞的力量。谁能说它总是爬，而没有飞翔的梦想呢？

蜜蜂称得上是"宇宙第一建筑专家"，蜂巢的每一个细节都暗藏着蜂群的智慧。你可能好奇，蜂巢为何是六边形的？因为六边形的结构巧妙地使用最少的材料，却能在保证房间空间得到最大化利用的同时，维持结构的完整性。6条边受力均等，能够承受更大的冲击力。瞧，蜜蜂这"宇宙第一建筑专家"的称号可不是徒有虚名啊。

最后是大名鼎鼎的"纺织大师"——蜘蛛。它的纺织技术声名远扬，是因为它能吐出又细又结实的蛛丝。它吐出的蛛丝比人类的头发丝还要细，而强度却是相同质量的钢丝的5倍，韧性和弹性远超"虫虫市场"质量标准。数量有限，欲购从速啦！

今年的虫虫行为艺术展还邀请了很多"艺术家"，欢迎大家到大自然里继续参观。

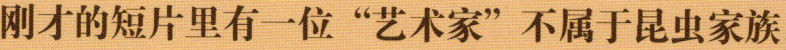

请判断

刚才的短片里有一位"艺术家"不属于昆虫家族。

A. 真的　B. 假的

嘉宾观点

小泽：我认为是真的。蜘蛛不是昆虫。因为蜘蛛有八条腿，属于节肢动物门。

中国科学院动物研究所动物进化与系统学院重点实验室主任、昆虫专家朱朝东教授：蜘蛛不是昆虫。如果简单地定义昆虫，那就是它们有2对翅膀、6条腿，而蜘蛛有8条腿。昆虫和蜘蛛有时会让人感觉恐怖。其实你不用怕它们，大部分昆虫和蜘蛛都是很可爱的，都能称得上是"艺术大师"。

主持人：很多人会一辈子记着被虫叮咬的经历。很多人怕昆虫是因为不了解昆虫，不知道昆虫在这个世界上到底有什么作用，所以才会对它们有抵触情绪。那么昆虫和人类生活到底有怎样的联系呢？

中国科学院动物研究所动物进化与系统学院重点实验室主任、昆虫专家朱朝东教授：昆虫很了不起，它为我们人类提供了很多服务，具有重要的价值。目前已知的昆虫大约有 100 万种，可以按照功能划分为不同的类别。有一类叫传粉昆虫，它可以通过传递花粉让有花植物结出果实；还有一些昆虫在自然界中起到分解的作用，比如分解腐败的有机物。刚才张舒越提到叶子上的洞可以减少风阻，因为海芋的叶子肥大；我再补充一点，就是叶子可以透光，促进植物进行光合作用，比如滴水观音有多层叶子，叶子有洞，下方的叶片以及它底下的植物就更易获得阳光，进行光合作用。所以，昆虫对植被的生长也发挥了非常重要的作用。

观察团团长张舒越：我们曾经去海南热带雨林拍摄节目，看到了锚阿波萤叶甲，它吃的是海芋的叶片。海芋的叶片有毒。它们采用一种独特的方式取食，即通过"画圈圈"来切断海芋叶片中传递毒素的叶脉，从而安全地享用叶片。去除或处理叶脉中的某些部分后，海芋植株在面对风力时，受到的阻力会减小，不易被风吹倒，也不会因为潮湿而烂根。

正确答案是 A，你答对了吗？

主持人： 别看昆虫小，它们也有自己的江湖。这个江湖门派林立，个个身怀绝技。

虫虫世界里的武林高手

昆虫的江湖风云变幻，各路武林高手云集于此。接下来让我们看一看各路大侠的精彩表现！

头顶利角，身披坚硬铠甲——它就是"尖角斗士"独角仙，进可攻，退可守。在交配期，雄性独角仙之间会爆发一场争夺繁衍权的大战。一方用尖角撬起另一方，将对手掀翻并抛向空中，来个空中转体3周半，直到对方心服口服，独角仙才会停止进攻。获胜者会向同伴宣告自己的傲人力量！

两只正在打斗的独角仙

江湖武功唯快不破。合适的兵器配上无可匹敌的速度，观察、锁定、出手，没有什么虫子能躲得过螳螂的大刀！

"什么？又来了一个给我充当食物的？哈哈，小虫虫，束手就擒吧！"

面对捕食高手螳螂，屁步甲不慌不忙，因为它有一个独门必杀技——喷射臭屁！所以，屁步甲也被称为"暗器杀手"。你瞧，当螳螂像往常一样伸出长长的大刀，想要一刀夺命时，屁步甲的雾弹立刻喷涌而出。"啊，是什么喷进我的眼睛了？好痛啊！"

屁步甲

螳螂不停地挥舞双臂，痛苦不堪。"岂有此理，耍帅还没过3秒，就丢盔弃甲了？"原来，屁步甲的这种雾弹不仅含有有毒物质，而且温度高达100℃，在短时间内，屁步甲可以喷射20多次。就算遇到螳螂这种体形巨大的对手，屁步甲也能及时触发技能，毫不慌张。一击制胜、突出重围就是这么简单。

没有兵器，也不会使用暗器，咱只能习得一副好身手了。可不，即便是徒手肉搏也能决战群雄，这就是大名鼎鼎的黄猄蚁。体重仅

黄猄蚁

有2毫克的黄猄蚁,还敢自称"大力士"?不信?快看,黄猄蚁的大力士挑战赛马上就要开始了!

我们将超过黄猄蚁体重2倍、10倍的两组重物分别交给它搬运,它果然没让人失望——全部挑战成功。取得这么惊人的成绩,它居然还不满足,拉起了自己的小巢穴——它成功了!我们将巢穴放在电子称重器上称量,巢穴的质量是黄猄蚁体重的100倍!黄猄蚁的"大力士"称号真是名不虚传啊!

不仅是黄猄蚁,蚁群里人才辈出,还有会绝世轻功的大齿猛蚁呢!

看,我们用物体慢慢靠近大齿猛蚁,在二者触碰的一瞬间,大齿猛蚁纵身一跃,犹如脚踩筋斗云,一飞就是24厘米远!再看它凌空御风的架势,原地跳高可达4厘米!瞧这身轻功,谁不想拥有呢!

昆虫的江湖里,还有一位自带毒针的高手,那就是我们熟悉的蜜蜂。下面的问题就将围绕蜜蜂展开,你准备好了吗?

大齿猛蚁

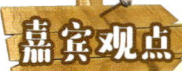

蜜蜂在与胡蜂战斗时会联合作战，咬死胡蜂。

A. 真的　B. 假的

小玉：我认为是真的。因为蜜蜂的习性是群居生活，一个蜂群还会有蜂王。当遇到敌人时，它们会团结一致，共同御敌。

小泽：我认为是真的。蜜蜂是集群作战的，面对十分厉害的胡蜂，蜜蜂只能团团围住胡蜂。

中国科学院动物研究所动物进化与系统学院重点实验室主任、昆虫专家朱朝东教授：

蜜蜂并不都是群居的，大多数独居蜜蜂不会轻易被人类看见。像中华蜜蜂和西方蜜蜂都是群居蜜蜂，并在一定程度上可以被人工饲养和家养。大家如果有机会去养蜂场或者山间农家，会看到用蜂桶养的蜜蜂，也许有机会发现胡蜂搞伏击。胡蜂躲在蜂巢底下，伺机而动。胡蜂露面时，蜜蜂会躲避它们，要是实在躲不过去了，蜜蜂便会招引同伴、阻击胡蜂。

胡蜂

当我们在野外被蜜蜂叮咬时，应该如何自救呢？其实，这个问题主要是看蜜蜂毒液的酸碱性——被蜜蜂咬了之后，我们可以用肥皂水涂抹伤口；假如是被胡蜂叮咬，它的毒液是偏碱性的，那么我们就用酸性物质来涂抹伤口。在野外遇到蜜蜂，我们是站在那里一动不动还是赶紧跑开，离得越远越好呢？我的建议是，对于蜂巢，我们要远离，离得越远越好；而不得已被蜜蜂叮咬时，记得首先保护好自己的头部。

张劲硕博士： 我们的节目以前也提到过屁步甲，它的防御手段是一种化学反应——屁步甲尾端有非常小的"室"，里面存储了不同的"药剂"，如二元酚、过氧化氢，还包括特殊的酶类化合物。当准备攻击敌人的时候，它将第一室、第二室的"药剂"直接灌入第三室，第三室里产生的特殊酶类化合物与前两室的物质混合后，立刻变成了剧毒物质。这一过程还会释放大量的热能。这一物质在瞬间喷发，温度可达 100 ℃。因为是瞬间产生的，所以对屁步甲自己也有一定伤害。不过权衡一下，与丢了性命比，这点伤害算不了什么。在长期进化的过程中，这个手段保护了它的生命安全。

正确答案是 B，你答对了吗？

主持人： 在昆虫世界里，论"躲"的功夫，昆虫们可谓各显神通！

昆虫演员的自我修养

昆虫界的"伪装大师"要集中展示它们的技能啦！

一只竹节虫正默默地趴在枯草堆里盯着诸位。它穿着紧身衣，体形修长，6条匀称的大长腿犹如草叶恣意伸展着。别小看它，人家还有练瑜伽的功底呢——看，它居然可以弯曲身体呈"C"形，呈现如植物一般的曼妙姿态！遇到危险它就躲进草丛，即使哈利·波特穿着隐形斗篷也要甘拜下风吧！

巨拟叶䗛也是功夫了得！在云南西双版纳的丛林里，我们找到了它的藏身之地。在一片绿油油的叶片下，巨拟叶䗛身着鲜艳的翠绿色外衣，梭形的身体，枝条一样的腿，与植物完全融为一体。我们轻轻地将它从枝条上捉下来，放在手心。它的体长几乎等同于成年人的手掌宽度，据说它可以模仿鸟的叫声。正当我们准备近距离观察时，它突然展开绿翅膀，翩翩飞舞起来。等我们再去寻找时，巨拟叶䗛已经隐入丛林，不知去向了！

在下面这幅画面中，你能发现其中的玄机吗？快找找它在哪里——什么？完全找不到？来，快快现身吧！

披着粉嫩的外衣，摆出优雅的姿态，它静静地趴在兰花上，它就是兰花螳螂。生活在马来西亚热带雨林区里的兰花螳螂能根据花色的深浅调整自己身体的颜色。它们的腿演化出类似花瓣的构造和颜色，帮助它们躲在兰花中而不被猎物察觉。兰花螳螂天生丽质，与花朵为伴，我们不禁拜倒在它的"大刀"下，惊叹不已。

兰花螳螂

要是你以为螳螂都是这么浪漫,那可就大错特错了。看完令人赏心悦目的兰花螳螂,我们再拜访一下螳螂世界的"草根"——枯叶螳螂吧!瞧,人家浑身散发着枯枝烂叶的气味,仿佛下一秒就会随风而逝。

我们拉近镜头,仔细观察枯叶螳螂:细腻的枯叶般的纹理、逼真的色彩、随风摇曳的形态,怎么形容它呢?我们只能这样评价:让你模仿,可没让你超越啊!

其实,要论威慑力,枯叶螳螂的功力也是不容小觑的。当它支棱起翅膀时,身体会瞬间膨大,眼睛一样的斑状图案耀眼而醒目,怎么样,很神气吧?

看来,《演员的自我修养》这本书不仅仅是写给演员的,昆虫界的"伪装大师"一定也读过吧!

枯叶螳螂

请判断

枯叶螳螂展开翅膀，露出身上的图案，为的是求偶。

A. 真的　B. 假的

嘉宾观点

安安：我认为是真的。动物一般是通过外表来吸引异性的，可枯叶螳螂很不好看，怎么引起异性注意呢？它只能通过展示自身特别的部分来求偶呀！

小玉：我认为是假的。它露出图案的目的是吓退敌人。它虽然有隐藏的功夫，但是功力不够深厚，一旦遇到强敌，它必须秀出惊悚的图案吓唬敌人。

中国科学院动物研究所动物进化与系统学院重点实验室主任、昆虫专家朱朝东教授：在整个生态系统里，枯叶螳螂是处于被捕食的位置的，所以为了应对天敌，它会展翅显示警戒色。警戒色和周围的环境色明显不同，可以吓到天敌。而它隐蔽自己是为了更有效地捕捉猎物。一种是用于警戒，另一种则是拟态表现，二者的差异便显而易见。

张博士的科学小课堂

大家可能会有这样的疑问：有的动物会伪装，"行事低调"；有的动物的色彩非常丰富和鲜艳——孰好孰坏呢？其实，选择保持低调还是高调，并没有一个普遍适用的标准，适合自己的方式才是最佳的选择。

正确答案是 B，你答对了吗？

主持人： 看过昆虫世界的"行为艺术"和"表演艺术"，接下来我们再来欣赏一下"声乐艺术"。提到鸣虫，我们熟悉的有知了、蝈蝈、蟋蟀……今天，这些鸣虫凑在一块儿，要举办一场音乐会。

乐队主音手争夺赛

你听过这样一句话吗？没有虫鸣的夏天是不完美的夏天。

哈哈，其实这是我蟋蟀说的话。

朋友们，欢迎大家来到虫虫音乐会的现场。昆虫世界一年一度的音乐盛典，会集了我们昆虫界的各路演奏大师。首先，就让我为大家介绍一下今天音乐会的嘉宾阵容！

第一位出场的乐手绰号是"鸟语者"，对，就是前面我们提到的巨拟叶螽，你们一定不陌生了！它的叫声可谓婉转而动听，让人回味无穷。

第二位出场的是昆虫界的著名"鼓手"——知了。它凭借腹部会"打鼓"的独特技艺，在昆虫界美名远扬。它的发音器官在腹部，像蒙上了一层鼓膜的大鼓，由于鸣肌每秒伸缩可达10000次，高频振动使发音器官能持续产生声波，并通过腹部的共鸣腔使声音持续放大，因此鸣声也是特别响亮。

最后向大家介绍一下本次音乐会阵容最庞大的弦乐组。当之无愧的主音演奏手蝈蝈，弦乐组成员蟋蟀……什么？等一下，这是谁定制的席卡？蝈蝈和蟋蟀有着同样的发声方式，你们凭什么让蝈蝈当主音演奏手啊？蟋蟀我今天一定要和蝈蝈一较高下！接下来，大家就来看看，我和蝈蝈到底谁能更胜一筹吧！

我俩铆足了劲，谁都不肯认输。

但是，经过评审团成员的研究和讨论，大家最终一致将选票

投给了蝈蝈。评审团表示：虽然两位选手都是依靠翅上的音锉和刮器的摩擦来发声，但是蝈蝈的体形及翅膀比蟋蟀更大，因此振动发声时可能具有更大的振幅，声音也更加响亮。

哎，我竟然输在了体形上——算了算了，你当你的大哥吧，乐队只有你没有我，奏出的乐曲也会单调。忘记刚才的小插曲，现在我宣布，虫虫音乐会正式开始啦！

月　夜

[唐] 刘方平

更深月色半人家，北斗阑干南斗斜。
今夜偏知春气暖，虫声新透绿窗纱。

译文：夜深了，月光照亮了半户人家，北斗星倾斜了，南斗星也倾斜着。今天夜里才感受到春天的来临，那被树叶映绿的窗纱外，啾啾的虫鸣声第一次传进屋里来。

请判断

蟋蟀鸣叫只是为了战斗。

A. 真的　B. 假的

嘉宾观点

小浩：我认为是假的。鸣虫鸣叫主要是为了宣示领地或求偶。

小玉：我认为是假的。我觉得蟋蟀鸣叫也有可能是求偶。

中国科学院动物研究所动物进化与系统学院重点实验室主任、昆虫专家朱朝东教授： 蟋蟀鸣叫通常只为两件事——一是求偶，二是宣示领地。在中国古代，斗蟋蟀作为一种娱乐活动，为古人的生活增添了色彩。

张劲硕博士： 刚才那首唐诗会让人联想到二十四节气里的第三个节气——惊蛰。这时冬天刚结束，越冬的昆虫有的是以成虫或幼虫的形式复出，有的是以蛹或卵的形式复出，大多并不能立刻交配和繁殖，所以惊蛰时往往还听不到虫鸣声。真正可以听到大量虫鸣声的季节是春末夏初或者夏季。

正确答案是 B，你答对了吗？

全国走一走·动物猜猜看

探访白枕鹤

今天节目的动物观察员是野生动物摄影师唐杨林。摄影师的工作性质决定了他们要随时背起行囊，奔赴一场与动物的约会。今天，唐杨林带我们来到了江西省鄱阳湖地区，这里被称作"候鸟天堂"。唐杨林在这里发现了红嘴鸥、苍鹭、东方白鹳、白枕鹤等鸟类。公路边的白枕鹤特别多，它们正成群地觅食。可能这里的食物不够，有几只飞出了我们的镜头，它们应该是去新的地方寻找食物了。

请判断

白枕鹤出生就能站立和行走。

A. 真的　B. 假的

嘉宾观点

小浩：我认为是真的。我看有些幼鸟出生几小时后就能站立，我想白枕鹤也行。

张博士的科学小课堂

白枕鹤虽然出生当天就能行走，但不能到处跑，仍然要待在巢穴中，由父母来喂养。